Aplicaciones electrónicas para Raspberry Pi con Python

Samuel Yanes Luis · Sergio Toral Marín · José Manuel García Campos · Daniel Gutiérrez Reina

Desencadene el poder de la Raspberry Pi para el desarrollo de aplicaciones de IoT y de inteligencia artificial

Marcombo

Aplicaciones electrónicas para Raspberry Pi con Python

Primera edición, 2025

© 2025 Daniel Gutiérrez, Samuel Yanes, José Manuel García y Sergio Toral

© 2025 MARCOMBO, S. L. www.marcombo.com
Gran Via de les Corts Catalanes 594, 08007 Barcelona
Contacto: info@marcombo.com

Ilustración de cubierta: Jotaká
Corrección: Mónica Muñoz
Directora de producción: Mª Rosa Castillo

ISBN: 978-84-267-4026-7
D.L.: B 13465-2025

Impreso en Servicepoint
Printed in Spain

Libro ecológico
Impreso con papel procedente de bosques gestionados
de manera eficiente, libre de cloro

Índice

IV   RPi e inteligencia artificial

Cómo usar este libro

Bienvenida

¡Hola, futuro creador!

Estás a punto de embarcarte en un emocionante viaje a través del mundo de la Raspberry Pi 4, donde exploraremos sus capacidades para aplicaciones de Internet de las cosas e inteligencia artificial. Este libro ha sido diseñado para ser tu compañero en este camino, guiándote desde los conceptos básicos hasta proyectos prácticos que te permitirán dar vida a tus ideas.

Cada capítulo que compone esta obra ha sido diseñado para ser una unidad de aprendizaje en sí misma, permitiéndote consultar temas específicos según tus intereses y necesidades. Sin embargo, te recomendamos recorrer estas páginas en el orden establecido, ya que cada capítulo se construye sobre los conceptos presentados en los anteriores. Esta progresión secuencial te brindará una comprensión más profunda y sólida, permitiéndote apreciar la interconexión de los diversos aspectos de la Raspberry Pi 4.

A lo largo de tu lectura, te encontrarás con numerosos ejemplos prácticos, elaborados para ilustrar los principios teóricos que se presentan. Te animo a que no te limites a leerlos, sino que los lleves a la práctica, los modifiques y los expandas con tus propias ideas. La experimentación es el alma de la innovación, y cada prueba que realices te acercará un paso más a la maestría.

Al final de cada capítulo, te aguardan preguntas y ejercicios diseñados para consolidar tu aprendizaje y estimular tu pensamiento crítico. Estas actividades no son meras evaluaciones, sino herramientas para reforzar tu comprensión y para ayudarte a establecer conexiones entre los diferentes temas que exploraremos. Además, las preguntas y ejercicios están diseñados de forma secuencial, por lo que en las preguntas posteriores a menudo se incorporarán elementos de capítulos anteriores, lo que te ayudará a reforzar los conocimientos a medida que avanzas.

Deseamos que este libro se convierta en un recurso preciado en tu camino hacia la creación de proyectos revolucionarios con la Raspberry Pi 4. Queremos que te sientas inspirado a explorar, a experimentar y a desafiar los límites de lo posible. Que, cada página, te impulse a dar rienda suelta a tu creatividad y a convertir tus ideas en realidades tangibles.

Nuestra filosofía

En el corazón de este libro reside una filosofía de aprendizaje donde se valora la práctica por encima de todo. Creemos firmemente que la mejor manera de dominar la Raspberry Pi 4 y sus aplicaciones en IoT e IA es a través de la experimentación y la aplicación directa de los conceptos. Por ello, hemos tejido una red de ejemplos prácticos a lo largo de cada capítulo, diseñados para servir como puentes entre la teoría y la realidad.

Estos ejemplos no son meras ilustraciones; son invitaciones a la acción, a ensuciarse las manos y a descubrir el poder de la Raspberry Pi 4 por ti mismo. Cada ejemplo ha sido cuidadosamente seleccionado para demostrar un concepto específico: desde la configuración inicial hasta la implementación de algoritmos de IA complejos. Te animamos a que los sigas paso a paso, a que los modifiques, los expandas y los adaptes a tus propios proyectos.

Los ejemplos de este libro son más que simples demostraciones; son herramientas de descubrimiento. Te permiten explorar las capacidades de la Raspberry Pi 4, comprender cómo funcionan sus componentes y descubrir cómo se pueden combinar para crear proyectos innovadores. Al seguir los ejemplos, adquirirás una comprensión profunda de los conceptos teóricos y desarrollarás las habilidades prácticas necesarias para dar vida a tus propias ideas.

Nuestro objetivo final es que te conviertas en un creador autónomo, capaz de diseñar y construir tus propios proyectos de IoT e IA con la Raspberry Pi 4. Los ejemplos de este libro son peldaños en ese camino, guiándote desde los conceptos básicos hasta la creación de proyectos complejos. Al seguir los ejemplos, adquirirás la confianza y las habilidades necesarias para convertirte en un experto en la Raspberry Pi 4.

Herramientas necesarias

Capítulo 1. Primeros pasos con la electrónica

En el primer capítulo, donde exploraremos los fundamentos de la electrónica con la Raspberry Pi 4, te recomendamos tener a mano los siguientes componentes:

- **Protoboard:** una placa de pruebas para montar circuitos sin necesidad de soldar.
- **Ledes:** diodos emisores de luz de diferentes colores para visualizar señales.
- **Resistencias:** componentes para limitar el flujo de corriente y proteger los ledes.
- **Cables:** cables de conexión para interconectar los componentes en la Protoboard.

Para facilitarte la adquisición de estos componentes, te recomendamos buscar "kits de inicio de electrónica para Raspberry Pi 4"en tiendas *online* especializadas. Estos kits suelen incluir todos los componentes necesarios para los primeros capítulos, ahorrándote tiempo y esfuerzo en recopilar todas las herramientas.

Capítulos 2 y 3. Capturando el mundo con cámara y sensores

A medida que avancemos, en los capítulos 2 y 3, nos adentraremos en el mundo de la visión artificial y la detección de datos ambientales. Para ello, será recomendable que cuentes con:

- **Raspberry Pi Camera:** una cámara diseñada específicamente para la Raspberry Pi, ideal para proyectos de visión artificial.
- **Sense HAT:** una placa con diversos sensores (temperatura, humedad, presión, etc.) para recopilar datos del entorno.

Estos componentes te permitirán explorar las capacidades multimedia y de detección de la Raspberry Pi 4, abriendo un abanico de posibilidades para tus proyectos.

Capítulos avanzados: el poder del *software*

En los últimos capítulos, nos centraremos en el desarrollo de aplicaciones de IoT e IA, donde el *software* tomará el protagonismo. Si bien no será estrictamente necesario contar con *hardware* adicional, te recomendamos tener a mano los componentes de los capítulos anteriores, ya que te permitirán poner en práctica los conceptos aprendidos y dar vida a tus creaciones.

Recomendaciones adicionales

- Al adquirir tu Raspberry Pi 4, asegúrate de que venga con una fuente de alimentación adecuada y una tarjeta microSD para el sistema operativo.
- Considera la posibilidad de adquirir una carcasa para proteger tu Raspberry Pi 4 y mantenerla organizada.
- Es recomendable adquirir un multímetro, para poder medir los voltajes y las corrientes de los circuitos.
- Siempre es bueno tener a mano un juego de destornilladores pequeños.

Con estos componentes en tu poder, estarás listo para embarcarte en un emocionante viaje de aprendizaje y creación con la Raspberry Pi 4.

Primeros pasos con la RPi

1. Conexión con la RPi

E N este apartado inicial aprenderemos los métodos de conexión con la Raspberry y los comandos más importantes para movernos dentro de un sistema operativo (SO) de tipo UNIX como es Raspberry Pi OS.

1.1 Conexión inicial mediante Ethernet

Lo primero que ha de hacerse es conectarse mediante un cable Ethernet a la RPi. Si no se ha configurado ninguna conexión a una red wifi preexistente, la RPi permanece aislada. Para poder realizar la configuración inicial, lo más inmediato es conectarnos mediante un cable Ethernet con nuestro ordenador. Debemos fijarnos que, al encender la RPi mediante la conexión a la corriente, los ledes del puerto Ethernet se encienden (indica que está bien conectado). Cuando se haya iniciado el sistema, la RPi se asigna dinámicamente una IP. Esta IP se puede conocer si en un terminal (PowerShell, CMD, Shell, etc.) escribimos el comando (en Windows):

```
ipconfig
```

O el siguiente (en macOS o Linux):

```
ifconfig
```

Bajo la configuración del adaptador Ethernet, debe poder encontrarse la IP de la Raspberry Pi conectada por Ethernet, tal y como aparece en la figura 1.1, bajo el campo IPv4. Realmente, al iniciar el SO de forma predeterminada, la RPi impone una IP en el rango de la subred 10.42.0.X para la conexión Ethernet, por lo que, en ausencia de un servidor DHCP que le asigne una IP, podremos encontrar a la RPi de entre esas IP. La RPi dispone de un servicio de *hostname* automático para evitar tener que encontrar la IP cada vez que encendemos el dispositivo. El *hostname* de la RPi es, de forma predeterminada, `raspberrypi.local`. Este nombre hace de alias de red, por lo que podremos conectarnos a la RPi usándolo en vez de la IP explícita.

Figura 1.1: Resultado del comando `ipconfig`

1.2   Activación del servicio VNC

VNC (Virtual Network Computing), es un *software* de código libre de tipo cliente servidor que permite ver la pantalla del ordenador servidor y controlarlo en uno o varios ordenadores clientes; sin importar qué sistema operativo pueda ejecutar el cliente o el servidor, podemos ver la pantalla y controlar el equipo del que ejecuta el servidor desde el cliente. Usaremos este servicio para poder conectarnos al escritorio remoto de la RPi.

De forma predeterminada, **el SO que proporcionamos ya tiene el servicio VNC activado.** Por lo tanto, no hace falta hacer lo que viene a continuación. No obstante, si no funcionara o instaláramos Raspberry Pi OS desde cero, para activarlo, deberemos configurarlo a través de una conexión SSH. Una conexión SSH es un sistema seguro de acceso al SO mediante terminal. Para conectarnos, abriremos un terminal [1]. Una vez abierto el terminal, escribiremos el siguiente comando:

```
ssh pi@raspberrypi.local
```

Con este comando, estamos iniciando una conexión SSH con el usuario **pi** y la IP **raspberrypi.local**. Una vez ejecutado, nos pedirá confirmar la identidad. Aceptamos escribiendo *y* (*yes*) y ya estaremos dentro de la RPi. A continuación, ejecutaremos el comando de configuración de Raspberry:

---

[1]   Todos los SO (macOS, Windows, Linux, etc.) tienen una herramienta de terminal: por ejemplo, para Windows es Power Shell y, para MacOS y Linux, es Terminal

```
sudo raspi-config
```

Nos pedirá la contraseña, que es *raspberry*, de forma predeterminada. Una vez dentro, deberemos ir (con las teclas y el Enter) a la opción *Interface Options*. Dentro de *Interface Options*, seleccionaremos *VNC* y activaremos el servicio cuando nos lo pida (véase figura 1.2). Tras esto, ya podemos acceder por VNC a la RPi.

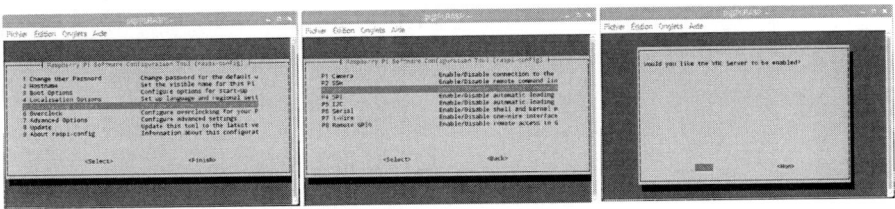

Figura 1.2: Activación de VNC mediante comando `raspi-config`

1.3 Conexión mediante VNC

Para conectarnos a la sesión VNC de la RPi, debemos descargarnos un cliente VNC; por ejemplo RealVNC Viewer[2]. Una vez instalado el programa, debemos iniciarlo y escribir en la barra de conexiones (arriba) la IP de la RPi o su *hostname* *raspberrypi.local*, tal y como aparece en la figura 1.3. Para conectarnos, deberemos introducir el usuario (*pi*) y la contraseña (*raspberry*).

Figura 1.3: Conexión VNC con RealVNC Viewer

Ahora podremos ver el escritorio de la RPi y mover el ratón y usar el teclado libremente.

---

[2] https://www.realvnc.com/en/connect/download/viewer/

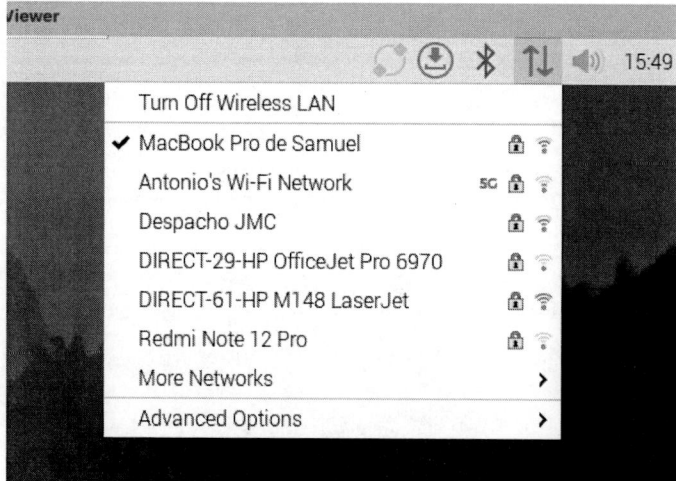

Figura 1.4: Selección del SSID del *router* wifi

1.4   Configuración wifi

La conexión Ethernet no es siempre lo más adecuado, puesto que la RPi no siempre puede estar cerca de nuestro ordenador. La mejor forma de conectarnos a la RPi es mediante wifi. Para tener conexión wifi debemos configurar a qué punto de acceso se conectará la RPi; por ejemplo, el wifi de nuestra casa o un punto de acceso que creemos con el móvil. Si estos puntos de acceso tienen internet, la RPi también.

Para conectarnos a un *router*, debemos seleccionar el símbolo del wifi en la esquina superior derecha (también puede aparecer a veces como dos flechas si estamos conectados por Ethernet) (véase figura 1.4). De ahí seleccionaremos el SSID al que queramos conectarnos, introduciendo la contraseña correspondiente. Ahora, si desconectamos el cable Ethernet y nos conectamos a la misma red SSID que la RPi, deberemos poder seguir accediendo mediante VNC o SSH. En otras palabras, seremos capaces de conectarnos a la RPi si estamos en la misma red: si la RPi se conecta a un *router*, el ordenador debe de estar conectado a ese *router* por Ethernet o wifi. Si la RPi se conecta a la red wifi móvil, nuestro ordenador también debe estar conectado a esa red.

1.5   Creación de una red wifi con nuestro móvil

Podemos conectar la RPi a la red Eduroam, que es abierta. No obstante, si hacemos esto, no podremos conectarnos a la RPi por VNC desde nuestro ordenador a la RPi, aunque ambos estén en la red de Eduroam. La conexión solo estará disponible mediante Ethernet. Esto se hace por seguridad. Es por ello que debemos crear un punto de acceso wifi desde nuestro móvil. Dependiendo del SO (iOS o Android), se hace de forma distinta. Hay que tener en cuenta que, con este método, la RPi usará nuestro plan de datos móviles.

Configuración para iOS

Para crear un *hostspot* en iOS, simplemente accederemos a la opción *Punto de acceso personal* desde la *app* de Ajustes. Ahí, activaremos la opción de *Permitir a otros conectarse* y escribiremos una contraseña (véase figura 1.5). El punto de acceso wifi aparecerá con tu nombre; por ejemplo, *Iphone de Pedro*. Una vez hayamos configurado el punto de acceso wifi, podemos comprobar que aparece en la RPi y que nos podemos conectar a él. Si nuestro móvil tiene internet, la RPi también tendrá.

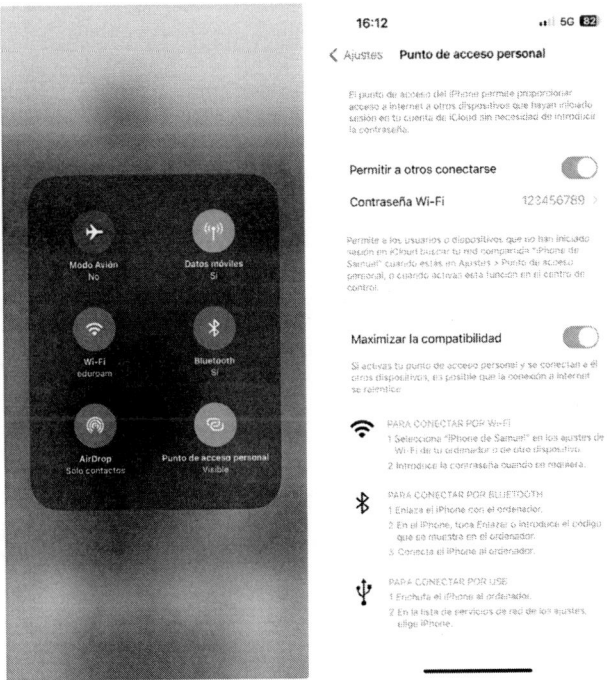

Figura 1.5: Configuración wifi en iOS

Configuración para Android

Para crear un *hostspot* en Android, todo dependerá del modelo de móvil. En general, en la *app* de configuración, dentro de wifi y redes móviles, podemos ver una opción llamada *zona wifi* o *Compartir conexión*. Desde ahí, podemos poner un nombre cualquiera al SSID y una contraseña (véase figura 1.6).

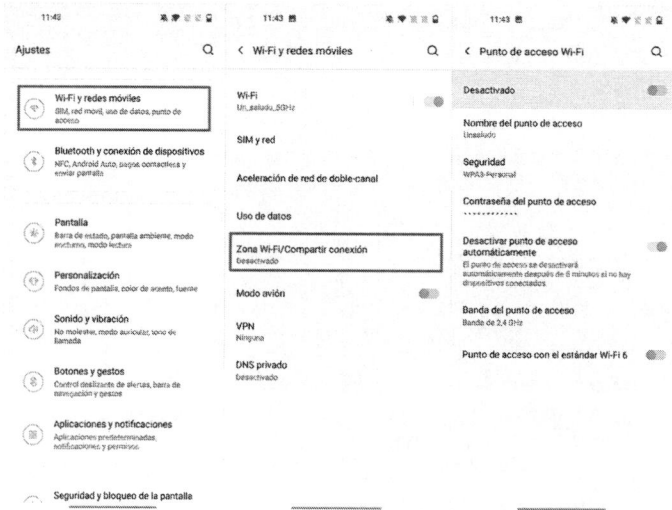

Figura 1.6: Configuración wifi en Android

2. Guía rápida de Linux

- Comando ls: lista el contenido del directorio actual. Una variante útil es ls -l, que muestra información detallada como permisos y usuarios.
- Comando cat: muestra el contenido de un archivo.
- Comando cd: cambia el directorio actual; por ejemplo, cd .. va al directorio padre, y luego cambiamos al directorio Documentos.

```
cd .. cd Documentos/
```

- Comando pwd: muestra la ruta completa del directorio actual.
- Comando mkdir: crea un nuevo directorio; or ejemplo, crea el directorio *nuevacarpeta*:

```
mkdir /home/usuario/nuevacarpeta
```

- Comando rmdir: elimina un directorio vacío.

```
rmdir midirectoriovacio
```

- Comando touch: crea un archivo vacío.

```
touch /home/usuario/nuevoarchivo.txt
```

- Comando less: muestra el contenido de un archivo página por página.

- Comando `cp`: copia archivos o directorios. `cp -r` copia directorios recursivamente.

```
cp archivo.txt /home/pi/copiaarchivo.txt cp -r carpeta1
/home/pi/copiacarpeta1
```

- Comando `mv`: mueve o renombra archivos y directorios.

```
mv archivo.txt /home/usuario/archivo.txt mv archivo.txt
nuevonombre.txt
```

- Comando `rm`: elimina archivos o directorios. `rm -r` elimina directorios recursivamente.

```
rm archivo.txt rm -r carpeta1
```

- Comando `chmod`: cambia los permisos de un archivo o directorio; por ejemplo, hacemos script.sh ejecutable: o

```
chmod +x script.sh
```

- Comando `chown`: cambia el propietario de un archivo o directorio.

```
chown usuario:grupo archivo.txt
```

- Comando `apt` `update`: actualiza la lista de paquetes disponibles para instalar.
- Comando `apt` `install`: instala un paquete de *software*.
- Comando `apt` `remove`: desinstala un paquete de *software*.
- Comando `ps` `aux`: lista todos los procesos en ejecución.
- Comando `top`: muestra los procesos en tiempo real.
- Comando `kill`: termina un proceso por su ID de proceso (PID); por ejemplo, matamos el proceso 1234:

```
kill -9 1234
```

- Comando `killall`: termina todos los procesos con el nombre especificado.
- Comando `ifconfig`: muestra la configuración de red; por ejemplo, la configuración de *Ethernet*:

```
ifconfig eth0
```

- Comando `ping`: envía *N* paquetes de prueba a un *host*.

```
ping -c 4 google.com
```

- Comando `ssh`: inicia una sesión SSH en un *host* remoto. Por ejemplo, al *host* *servidor.com* en el puerto 2222:

```
ssh -p 2222 usuario@servidor.com
```

2.1   Superusuario – Comando sudo

En los sistemas operativos UNIX existen ciertas operaciones que solo las pueden realizar aquellos usuarios que tienen privilegios de superusuario. La lista de usuarios y sus privilegios se puede consultar en el fichero **sudoer**, que se encuentra en el directorio /etc/.

Operaciones típicas que solo la pueden realizar los superusuarios son:

1. Instalar un nuevo *software* (librería, programa, etc.):

```
sudo apt install <software>
```

2. Actualizar el sistema. Es bueno actualizar continuamente Raspberry Pi OS, ya que es un sistema operativo "muy vivo" y continuamente se están actualizando librerías y apareciendo nuevas:

```
sudo apt update
```

3. Ver si un paquete (*software*) está disponible. En muchas ocasiones es necesario comprobar si está disponible para nuestro sistema operativo:

```
sudo apt-cache search <nombre-paquete>
```

4. Desinstalar *software*:

```
sudo apt remove <software>
```

5. Cambiar el propietario de un archivo. Hay veces que necesitamos que ciertos archivos pertenezcan al superusuario:

```
sudo chwon root:root <archivo>
```

6. Abrir una sesión de terminal como superusuario:

```
sudo -i
```

2.2   Cómo (re)instalar el SO

Para instalar (o reinstalar) el SO en la Raspberry Pi usaremos el programa Raspberry Pi Imager que podemos descargar desde el siguiente *link*: `https://www.raspberrypi.com/software/` para cualquier sistema operativo. Una vez instalado, debemos introducir la tarjeta microSD de la RPi en el ordenador, ya sea con un adaptador USB o SDCard. Al ejecutar el programa, debemos escoger el modelo de Raspberry Pi en la pestaña *Elegir dispositivo*. Una vez seleccionado el modelo de RPi, pulsaremos el botón *Elegir SO*. Si queremos reinstalar el SO, nos iremos a la última opción, *Use Custom* (véase figura 2.1). Seleccionaremos el archivo *.img* que podremos descargar del siguiente *link*: `https://hdvirtual.us.es/discovirt/index.php/s/3xGPLwQW8MQyjFF`. Para terminar, pulsaremos *Elegir almacenamiento* y seleccionaremos la tarjeta SD. Al pulsar *Siguiente*, nos preguntará si queremos aplicar los ajustes customizados. Seleccionaremos *NO*. El proceso de flasheo de la SD tardará unos minutos. Cuando nos indique, podemos desconectar la tarjeta SD y colocarla en la RPi.

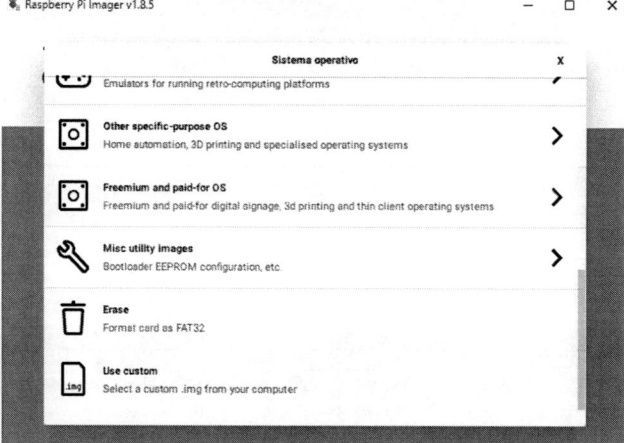

Figura 2.1: Selección del SO personalizado en Raspberry Pi Imager

---

Advertencia

Si reinstalamos el SO, se borrarán todos nuestros archivos, las configuraciones y los módulos que hayamos instalado. Recuerda hacer una copia de seguridad primero.

3. Introducción a Python

3.1 ¿Qué es Python?

Python es el lenguaje oficial de la RPi desde su origen. Eso no significa que otros lenguajes de programación no puedan ser utilizados, ni mucho menos. No obstante, Python cumple uno de los objetivos principales de cualquier proyecto con una RPi: acercar las ciencias de la computación al mayor número de personas de una forma sencilla. Python es un lenguaje relativamente sencillo de aprender, ya que es bastante intuitivo y tiene una versatilidad alta.

Python es un lenguaje interpretado; eso significa que las instrucciones son ejecutadas paso a paso por un intérprete de Python. Esta característica lo hace más lento que otros lenguajes compilados; por ejemplo, *C*. Por defecto, Raspberry Pi OS incluye un intérprete de Python (la inmensa mayoría de distribuciones de Linux lo incluyen). Simplemente ejecutando el comando python en un terminal, ya dispondremos del intérprete interactivo de Python. A su vez, Raspberry Pi OS incluye un intérprete de Python más útil llamado ipython. A continuación, se va a proceder a realizar un resumen de las principales características del lenguaje de programación Python.

3.1.1 Variables

En Python las variables no tienen tipo por defecto; esto quiere decir que el tipo de las variables se define con su contenido.

```
a = 2           # variable de tipo entera
b = 2.5         # variable de tipo flotante
c = "hola mundo" # variable de tipo cadena
```

Existen unos tipos de variables más complejos en Python que se denominan listas y tuplas. Ya habrás notado que los comentarios en Python se definen con el carácter #; es decir, todo el texto que viene después del carácter # no es ejecutado por el intérprete. Otro aspecto interesante es que no existe ningún carácter especial para indicar el fin de una instrucción (no hacen falta punto y coma ';' como en C/C++).

```
l1 = [1, 3, 5]                    # lista de tres elementos
l2 = ["hola", "adiós", "que pasa tio"]
```

El contenido de las listas puede ser cualquier cosa: números, cadenas o incluso otra lista. Las listas se definen entre corchetes [] y cada uno de sus elementos está separado por comas. Para acceder al contenido de una lista, procedemos de la siguiente forma:

```
l1[0] # accedemos al primer elemento de la lista (sí, empieza por
 ↪ 0)
```

Si cambio el índice 0 por otro número, accederé a una posición distinta. Ojo, tiene que ser una posición definida. Si intento hacer algo como:

```
l1[5] # el intérprete me dirá que el índice se ha salido de rango
```

Otra característica importante de las listas es que, cuando se define, se está definiendo un puntero a la lista. Esto quiere decir que, si hago algo como:

```
l2 = l1
```

En realidad, l2 y l1 apuntan al mismo sitio, por lo que, si hago un cambio en cualquiera de las dos, tendrá efecto en la otra.

Existe una gran cantidad de métodos (funciones que se pueden aplicar sobre las listas) disponibles para trabajar con listas. En este libro se cubrirán solo algunos; el resto pueden ser consultados en el siguiente enlace: https://docs.python.org/3. 8/tutorial/datastructures.html

```
l1.append(5)      # añadimos al final de la lista el valor 5
l1.insert(2, 5)   # añadimos en la posición 2 el valor 5
```

Si quiero saber la longitud de una lista, puedo utilizar la función len. Las funciones *built-in* son funciones que están disponibles nativamente en el intérprete de Python; es decir, que están siempre disponibles.

```
len(l1) # obtendremos la longitud de la lista
```

Las tuplas no son más que otra secuencia de datos parecida a las listas, pero son solo de lectura; es decir, no podemos modificar el contenido de las tuplas.

```
t1 = (1, 2)
```

En este caso, las tuplas se definen entre paréntesis () y su contenido se separa por comas. Igual que en el caso de las listas, puedo acceder al contenido de una posición en concreto de la siguiente forma:

```
t1[0] # primera posición de la tupla
```

Lo que no puedo hacer es lo siguiente:

```
t1[0] = 5
```

Ya que las tuplas solo pueden ser accedidas en modo lectura.

Hay más tipos de datos en Python, como los diccionarios, sets o variables booleanas, pero de momento esto es suficiente para la mayoría de aplicaciones descritas en este libro.

3.1.2 *Scripts* en Python

Antes de pasar a describir otros aspectos del lenguaje de programación, es importante detenerse un poco a definir qué son los *scripts* de Python. No son más que un archivo de texto en el que se ordenan una serie de instrucciones en Python que el intérprete ejecutará una a una de forma secuencial. Así, para programar un *script* de Pytho,n solo necesito crear un archivo de texto, escribir código Python en el archivo y guardarlo con extensión .py. Ese archivo se podrá ejecutar en un terminal, simplemente llamando al intérprete de Python de la siguiente forma:

```
python miscripts.py
```

3.1.3 "Hola mundo" en un *script* de Python

En los tutoriales de la mayoría de los lenguajes de programación se comienza por escribir el código que imprime por pantalla el mensaje de bienvenida "hello world". Nosotros en este caso lo vamos a realizar desde un *script*. La instrucción que tenemos que introducir en el archivo (por ejemplo, hola.py) es la siguiente:

```
print("hola mundo")
```

Si en el terminal hacemos:

```
python hola.py
```

Podremos visualizar el mensaje "hola mundo" en el terminal.

La función *built-in* print se puede utilizar también para imprimir variables. A continuación, se detallan algunos ejemplos de uso:

```
print(a)                          # imprime la variable a
print("El número es %d" % a)      # imprime la variable a como un
  ↪ entero
print("numero", a)                # imprime la cadena y la variable
```

3.1.4   Control de flujo

Como en cualquier lenguaje de programación medianamente serio, Python dispone de instrucciones de control de flujo (if-else) y bucles (for, while). La forma de definir una sentencia if-else es la siguiente:

```
if <condicion>: # NO OLVIDAR LOS DOS PUNTOS
......          # ES MUY IMPORTANTE LA TABULACIÓN
else:
......
```

Un aspecto muy particular de Python es la tabulación que tenemos que incluir en las sentencias de control de flujo. Esto se debe a que Python es un lenguaje denominado "indentado"; es decir, todo lo que se encuentra dentro del if anterior es lo que está tabulado hacia la derecha. Igual podemos decir del else. Si tenemos varios if-else anidados, tenemos que tabularlos todos.

Los bucles for también son un poco particulares en Python, ya que se utilizan iterando sobre elementos iterables, por ejemplo, listas. Veámoslo con un ejemplo:

```
for i in range(0, 10):
        print(i)
```

Este bucle lo que hace es recorrer una lista que se ha definido con la función *built-in* range, la cual crea un elemento iterable del 0 al 9, algo como [0, 1, 2, 3, 4, 5, 6, 7, 8, 9]. En cada una de las iteraciones del bucle, la variable auxiliar i toma un valor distinto de la lista. Dentro del bucle, lo único que se ha hecho es imprimir por pantalla la variable auxiliar i. Es importante señalar que las instrucciones incluidas en el bucle son aquellas que están tabuladas.

Para programar un bucle `while`, actuaríamos de la siguiente forma:

```
while <condicion>:
....... # TABULAR!!
```

3.1.5 Funciones

Las funciones en Python se definen de la siguiente forma:

```
def <nombre_funcion>(par1, par2):
      ..... # TABULAR!
      return var  # si queremos devolver algo
```

La definición de las funciones en Python es bastante intuitiva. Es importante no olvidar tabular el contenido de la función. Para llamar a una función en un *script* de Python, simplemente debe estar definida antes de su llamada.

3.1.6 Importar módulos

Algo muy común en Python es importar módulos, también llamados paquetes o librerías. Un módulo en Python no es más que un conjunto de funciones y/o variables definidas en un *script* de Python que son accedidas por otro *script* de Python. Para importar un módulo en Python, lo único que tenemos que hacer es utilizar la palabra clave `import`:

```
import numpy
```

La sentencia anterior importaría el paquete `numpy` y todas sus funciones y variables. Es importante indicar que, para poder importar un paquete, este debe estar previamente instalado en nuestra RP4, para que el intérprete pueda localizarlo. Para poder instalar un módulo nuevo en nuestro intérprete utilizaremos la aplicación `pip`, que está instalada por defecto en la imagen de Raspberry Pi OS que se proporciona con este libro. Para instalar un módulo, simplemente tenemos que ejecutar la siguiente sentencia en un terminal:

```
pip install <modulo>
```

La aplicación instalará la versión del módulo adecuada para nuestro intérprete de Python.

3.1.7   Editor de código: Thonny

Thonny es un entorno de programación totalmente desarrollado en Python. Se puede acceder desde el menú principal en la opción *programación*. Es un entorno sencillo que nos permitirá editar scripts de Python, ejecutarlos, depurarlos y tener simultáneamente un terminal con una sesión de Python abierta (Python en modo interactivo). Si abrimos un archivo con Thonny, tendremos algo como lo que aparece en la figura 3.1

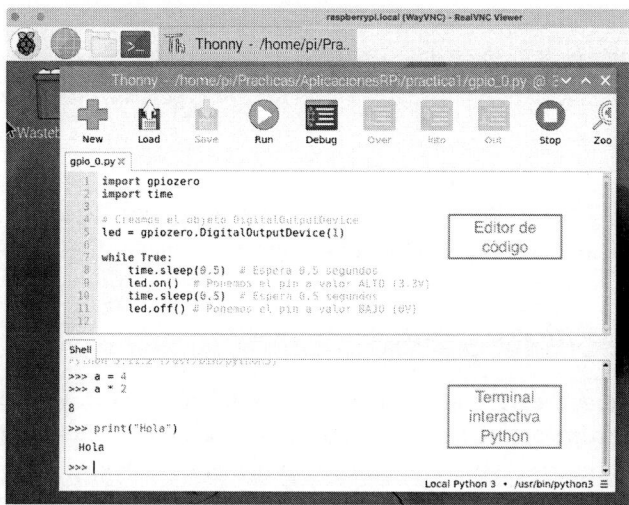

Figura 3.1: IDE Thonny para la edición de un *script* the Python

Este entorno de programación sirve para programar en Python de forma genérica, y está compuesto de dos partes:

1. Un editor de texto para escribir scripts de Python.
2. El intérprete de Python. Tanto el editor como el intérprete tienen completado automático mediante la tecla tabulador.

En el editor de texto podemos ejecutar cualquier *script* de Python. Además, podemos imponer puntos de depuración (haciendo clic en los números de línea) para la ejecución pausada paso a paso. Así, si ejecutamos el programa (pulsando *Run*), veremos que en el terminal se va imprimiendo la salida estándar (resultado de los print del programa). Si ejecutamos el programa pulsando *Debug*, tendremos que la ejecución para en los puntos de depuración. Podemos resumir la ejecución o ir paso a paso con el botón *Over*. En la terminal interactiva, estaremos dentro de un terminal de Python en modo interactivo. Ahí se aceptarán comandos de Python introducidos línea a línea. Todo lo que se ejecute desde el editor de texto permanecerá en el terminal interactivo, por lo que, tras la ejecución de un *script*, podremos interactuar con las variables resultantes.

Manejo de periféricos

4. Entradas y salidas digitales

El objetivo de este capítulo es entender cómo funciona el módulo de entradas y salidas digitales de la RPi. La RPi no es solo una CPU con capacidad de computación y un SO, sino que también pone a nuestra disposición un conjunto de periféricos electrónicos que podemos usar para multitud de tareas. En la misma tarjeta de la RPi podemos ver los pines físicos que internamente están conectados a los diversos periféricos electrónicos a los que podremos acceder mediante el *software* adecuado. Cada uno de estos pines sirve a un propósito concreto y un periférico específico. En la figura 4.1 podemos ver el periférico asociado a cada pin físico de una RPi4. Este esquema es válido tanto para las RPi3, RPi4 y RPi5. Para aumentar el nivel de integración de la RPi, vemos que cada pin puede tener asociado varios periféricos mediante una multiplexación; por ejemplo, el GPIO13 tiene asociado un periférico PWM (Pulse Width Modulation), por lo que lo podemos usar como entrada/salida digital o como salida analógica modulada (PWM), dependiendo de las necesidades de la aplicación. El comportamiento de cada pin se definirá mediante *software* tal y como veremos más adelante.

Para este capítulo necesitaremos:

- Raspberry Pi 4 con el SO proporcionado con el libro.
- Un led.
- Cables Dupont macho-hembra.
- Un botón.
- Resistencia de 220 ohmios.
- Protoboard.

Todos los códigos de este capítulo están disponibles en el repositorio `https://bender.us.es/etsi/AplicacionesRPi`, dentro de la carpeta Práctica 1.

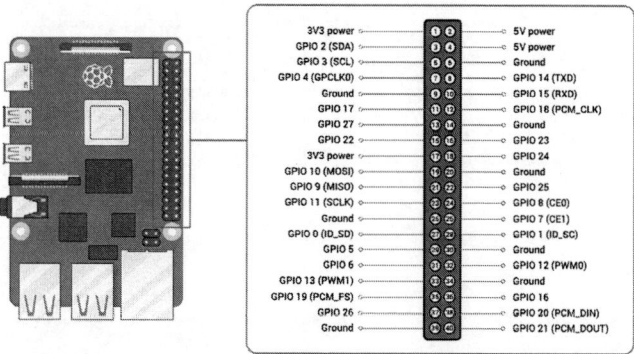

Figura 4.1: Descripción de los periféricos asociados a cada pin en una RPi. Un pin puede tener varios periféricos asociados (multiplexación)

4.1 GPIO

El periférico más elemental es el GPIO (General Purpose Input Ouput). Este periférico permite manejar un conjunto de pines de entradas/salidas digitales. En la gran mayoría de sistemas electrónicos industriales, tendremos actuadores y/o sensores digitales: relés, pulsadores, fines de carrera, etc. con los que tendremos que interactuar a través de señales digitales binarias, que siempre presentan dos valores posibles: 1 (nivel alto de tensión fijo, 3.3V para la RPi) y 0 (nivel bajo de tensión, 0V).

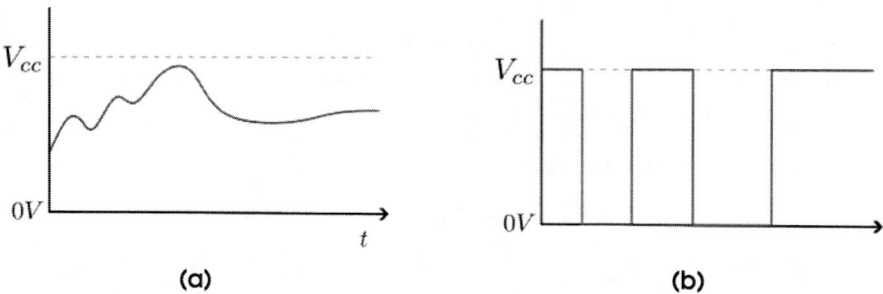

Figura 4.2: Ejemplo de señal analógica (a) y digital (b)

El conjunto de pines GPIO están gestionados a través del SO de la RPi mediante registros reservados en memoria, que configuran si el pin actúa como entrada o salida, su valor de salida y si se habilita la resistencia de *pull-up/down*. La lectura y

escritura de estas direcciones de memoria está protegida, por lo que se recomienda
que el acceso a los pines se haga a través de una biblioteca de abstracción de
hardware (HAL – Hardware Abstraction Layer). Existen múltiples bibliotecas
capaces de manejar el periférico GPIO con distintos lenguajes de programación.
En este capítulo, nos limitaremos a enseñar cómo usar el módulo de Python 3
GPIOZero[1], que, al menos en el momento de escribir estas líneas, es una de las
librerías más versátiles para ello.

El módulo GPIOZero ya viene instalado con la imagen de Raspberry Pi OS. No
obstante, si fuera necesario instalarla o porque no se detectara como instalada,
habría que usar el siguiente comando:

```
$ sudo pip install gpiozero
```

4.1.1 Control de los GPIO con GPIOZero y Python

La librería GPIOZero es capaz de trabajar a dos niveles de abstracción distintos. Por
un lado, proporciona una interfaz de programación mediante objetos de alto nivel
que representan dispositivos típicos en las aplicaciones electrónicas: botones, ledes,
servomotores, etc. Estos objetos de Python permiten asociar uno o varios GPIO a
estos dispositivos y usar métodos de alto nivel para manejarlos[2].

La otra forma de manejar los pines GPIO es a través de dos clases genéricas de-
nominadas `DigitalOutputDevice` (pin como salida digital) y `DigitalInputDevice`
(pin como entrada digital). Estos objetos son más genéricos que los dispositivos
tipo *Button*, *led*, *encoder*, etc. y se adaptan al comportamiento de una entrada/salida
digital cualquiera. En las tablas 4.1 y 4.2 está la descripción de los argumentos y métodos disponibles que implementan los objetos `DigitalInputDevice` y
`DigitalOutputDevice` respectivamente.

Para ilustrar el uso de este módulo, partiremos de un ejercicio sencillo. El objetivo
será controlar el encendido y apagado de un diodo (led) mediante un código en
Python. El circuito de prueba está representado en la figura 4.3: conectaremos una
resistencia de 150Ω en el pin GPIO1 (véase la figura 4.1 como referencia) para
limitar la corriente que pasa por el LED y evitar quemarlo. El ánodo del led va
conectado a la resistencia y el cátodo a la tierra de la RPi.

---

[1] https://gpiozero.readthedocs.io/en/latest
[2] El listado de dispositivos completo se puede encontrar en la documentación del módulo:
https://gpiozero.readthedocs.io/en/latest/api_input.html

DigitalInputDevice(*args, **kargs)		
Argumentos		
pin	int / str	El nombre del pin físico asociado; por ejemplo "GPIO13".
pull_up	bool / None	Habilita o deshabilida la resistencia de *pull-up* interna
active_state	bool / None	Polaridad de la activación. Si es True, el pin se considera activo a nivel alto y viceversa
bounce_time	float / None	Tiempo de espera (en segundos) tras el primer flanco hasta que se modifica el valor del pin. Sirve para filtrar los rebotes
Métodos y atributos		
wait_for_active(timeout)		Paraliza el programa hasta que el dispositivo se active (según el criterio impuesto por active_state) o hasta que pasen *timeout* segundos
wait_for_inactive(timeout)		Igual que wait_for_active pero a nivel bajo
active_time	int	El tiempo (en segundos) que el dispositivo lleva activado
inactive_time	int	Complementario a active_time
value	int	Valor del pin de entrada (0 / 1)
when_activated / deactivated	function	Función que se llamará cuando el dispositivo se active o se desactive (interrupción asíncrona).

Tabla 4.1: Resumen de los métodos y atributos de la clase `DigitalInputDevice`

DigitalOutputDevice(*args, **kargs)		
Argumentos		
pin	int / str	El nombre del pin físico asociado; por ejemplo "GPIO13"
active_high	bool	Si es True (predeterminado), el método on()/off() pone el pin a su valor alto/bajo() y viceversa.
initial_value	bool / None	Valor inicial del pin
Métodos y atributos		
blink(on_time,off_time,n,backg)		Parpadeo del pin con on_time segundos encendido, off_time segundos apagado, durante n ciclos. Si backg es True, la función no paraliza el programa
off()		Desactiva el pin
on()		Activa el pin
value	int	Complementario a active_time.

Tabla 4.2: Resumen de los métodos y atributos de la clase `DigitalOutputDevice`

El código de ejemplo de control del led es el siguiente:

```python
import gpiozero
import time

# Creamos el objeto DigitalOutputDevice
led = gpiozero.DigitalOutputDevice(1)

while True:
        time.sleep(0.5)   # Espera 0.5 segundos
        led.on()   # Ponemos el pin a valor ALTO (3.3V)
        time.sleep(0.5)   # Espera 0.5 segundos
        led.off() # Ponemos el pin a valor BAJO (0V)
```

Código 1: Parpadeo de un led – `gpio_0.py`

Para ejecutar el código, solo tenemos que abrir un terminal, situarnos en el directorio del mismo archivo y ejecutar lo siguiente:

```
$ python gpio_0.py
```

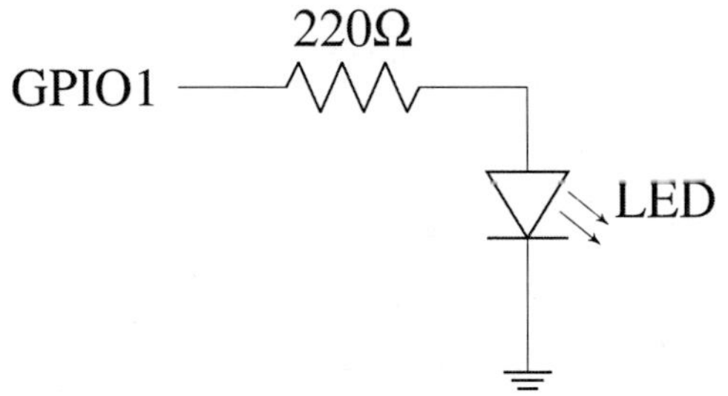

$$220\Omega$$

GPIO1 ⎯⎯⎯/\/\/\⎯⎯⎯

LED

Figura 4.3: Circuito básico de led y resistencia limitadora de corriente

Si lo hemos hecho bien, veremos parpadear el led con una frecuencia de $1Hz$. Vemos que, para controlar un pin, simplemente tenemos que instanciar una clase de tipo `DigitalOutputDevice`. El constructor de la clase recibe el número de pin según la numeración BCM. Existen dos numeraciones de los pines de la RPi. La primera es la BCM, indicada en la figura 4.1. La otra numeración es la numeración BOARD, que sigue el orden físico de la tarjeta. En este libro siempre usaremos la numeración BCM como norma[3].

Advertencia

Siempre que tengamos un led, es necesario limitar la corriente que pasa por él. Una corriente demasiado alta podría destruir el componente. La corriente máxima para la mayoría de los ledes es de $20 - 25mA$. Si queremos que la corriente por la malla del circuito de la figura 4.3 sea de $20 - 25mA$ cuando en el nodo GPIO1 tengamos $3.3V$, deberemos aplicar la ley de Kirchhoff:

$$I_{LED} = \frac{V_{GPIO1}}{R_{LED}} = \frac{3.3V}{150\Omega} = 22mA \in [20, 25]mA$$

Ahora que hemos conseguido activar y desactivar un pin digital, aprenderemos a leer un valor digital. En el Código 2 se presenta un *script* para leer el valor lógico de un pulsador. En el circuito de la figura 4.4 se puede ver cómo debemos conectar el pulsador en función de si implementamos una configuración *pull-up* o *pull-down*. Los circuitos de *pull-down* o *pull-up* determinan el valor del pin cuando no estamos pulsando el botón. Si tenemos un *pull-up*, el valor del pin sin pulsar el botón es de 0 y viceversa.

El siguiente código implementa la lectura de los flancos de subida de un botón en el GPIO2. Vemos cómo se usan las variables `estado_boton_actual` y `estado_boton _anterior` para almacenar los valores en cada instante. Si en el estado actual, el

---

[3] En este ejemplo, el pin GPIO1 se corresponde con el pin 28 según la numeración BOARD.

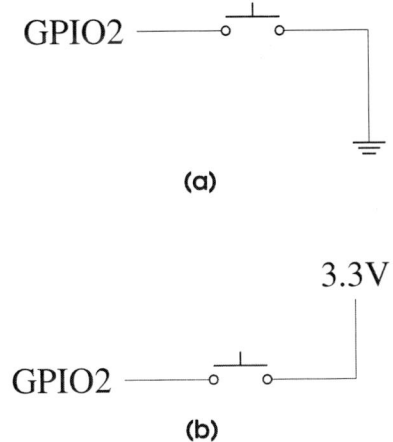

(a)

(b)

Figura 4.4: Configuraciones con resistencia interna: (a) *pull-down* y (b) *pull-up*

valor del botón es 1 (button.value), y en el anterior instante era 0, estaremos ante un flanco de subida. Además, para evitar rebotes como los de la figura 4.5, la clase DigitalInputDevice, que representa al botón, posee un argumento llamado bounce_time. Este especifica el tiempo de espera desde que se detecta un cambio en el valor para aceptar un cambio en el valor lógico final, lo que hace las veces de filtro de paso de bajas.

```
import gpiozero
import time

# Creamos el objeto DigitalOutputDevice
led = gpiozero.DigitalOutputDevice(1)
# Creamos el objeto DigitalInputDevice
button = gpiozero.DigitalInputDevice(2, pull_up=True,
    bounce_time=0.1)

estado_boton_actual = 0
estado_boton_anterior = 0

while True:
    # Leemos el valor del botón
    estado_boton_actual = button.value

    # Solo si el botón está pulsado
    if estado_boton_actual == 1 and estado_boton_anterior == 0:
```

```
# Cambiamos el estado del led al contrario del actual
if led.value == 1: # Si el led está encendido
    led.off()
else: # Si el led está apagado
    led.on()

# Guardamos el estado actual del botón para la siguiente
↪ iteración
estado_boton_anterior = estado_boton_actual
```

Código 2: Manejo del led mediante botón – `gpio_1.py`

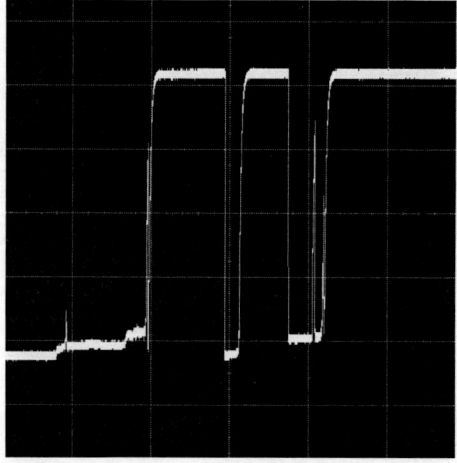

Figura 4.5: Rebotes reales de la señal producida por un botón

4.2   Interrupciones con GPIOZero

Las interrupciones de *hardware* son señales enviadas por los dispositivos periféricos (como teclados, ratones, sensores, etc.) al procesador, indicándole que se necesita su atención inmediata. Cuando se produce una interrupción, el procesador pausa la ejecución del código actual, guarda su estado y ejecuta una función especial llamada manejador de interrupción para responder al evento. Una vez que se maneja la interrupción, el procesador puede reanudar su tarea original. GPIOZero permite llamar a funciones de interrupción (*handlers* o manejadores) cuando se produce un evento en un dispositivo de entrada.

En el código siguiente veremos cómo se puede iluminar un led (ejemplo anterior) pero esta vez con interrupciones, de modo que podemos reservar el bucle principal del programa a otras actividades en lugar de estar comprobando todo el rato el valor del botón. La función manejar_led se llamará cuando se detecta que el botón ha sido presionado, y su función es encender el led. Para asignar esta función al manejador de la interrupción, debemos asignarla al atributo when_activated:

```python
from gpiozero import DigitalOutputDevice, DigitalInputDevice
from signal import pause
import time

# Configuramos el dispositivo de salida digital (led) en el pin
↪   GPIO 1
led = DigitalOutputDevice(1)
# Configuramos el dispositivo de entrada digital (Botón) en el
↪   pin GPIO 2
button = DigitalInputDevice(2, pull_up=True)
# Definimos la función que manejará la interrupción (cambiar el
↪   led)
def manejar_led():

    if led.value == 1:
        led.off()
        print("El led está apagado")
    else:
        led.on()
        print("El led está encendido")
# Detectamos cuándo el botón es presionado
button.when_activated = manejar_led
# Mantener el script corriendo
while True:
    # En este punto, el programa puede hacer otras cosas
    # porque la interrupción se encargará de encender el led
    time.sleep(2)
    print("Otros cálculos ...")
    for i in range(10):
        print(i)
        time.sleep(0.5)
```

Código 3: Manejo del botón por interrupción – gpio_2.py

Es importante tener en cuenta que las interrupciones, de forma general, deben durar lo mínimo posible. Una interrupción saca al programa de su rutina habitual.

Si el tiempo que dura la interrupción es excesivamente alto, es posible que la rutina principal no se ejecute de forma correcta. Como recomendación general, las interrupciones solo deberían realizar operaciones de lectura/escritura sencillas, como dar valor a una variable global y nunca realizar llamadas a funciones bloqueantes.

4.3   Manejo del PWM

PWM (Modulación por Ancho de Pulso) es una técnica que permite controlar la potencia entregada a un dispositivo electrónico modulando la anchura de los pulsos de una señal de onda cuadrada. En lugar de proporcionar potencia de forma continua, se alterna entre encendido y apagado a gran velocidad, variando la proporción de tiempo en que la señal está activa (T_{on}) respecto a su periodo total T. Esto se conoce como **ciclo de trabajo** d_{cycle} y se mide en porcentaje: 100% significa que la señal está encendida todo el tiempo (máxima potencia), mientras que 0% indica que está a mínima potencia (véase figura 4.6).

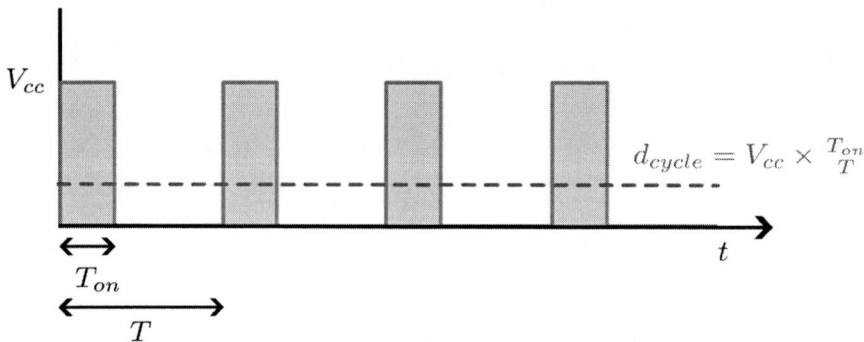

Figura 4.6: Ejemplo de señal PWM

En el Código 4, utilizaremos un objeto tipo `PWMOutputDevice` (véase tabla 4.3 para un resumen de atributos) para controlar la intensidad de un led conectado al pin GPIO1 (exactamente igual que en el circuito del primer ejemplo). La intensidad del led se ajusta modificando el ciclo de trabajo de la señal PWM a través del atributo `led.value`, que varía entre 0.0 (led apagado) y 1.0 (led a máxima intensidad). La función `ajustar_intensidad` incrementa progresivamente el ciclo de trabajo en pasos del 10 % para luego decrementarlo, cambiando el brillo del led desde apagado hasta su máximo y mínimo brillo. El programa sigue corriendo indefinidamente gracias al bucle `while True`. Este ejemplo muestra cómo PWM permite controlar la intensidad de un led, pero la misma técnica se puede aplicar para controlar otros dispositivos electrónicos que se beneficien de un control de potencia variable.

```
from gpiozero import PWMOutputDevice
from time import sleep
from signal import pause

# Configuramos el dispositivo de salida PWM (LED) en el pin
↪  GPIO 1
led = PWMOutputDevice(1, active_high=True, initial_value=0,
↪  frequency=1000)

# Definimos una función para cambiar la intensidad del LED
def ajustar_intensidad():
    # Ajustamos el ciclo de trabajo a diferentes niveles
    while True:

        for i in range(0, 101, 10):
            led.value = i / 100.0  # Ajustamos el ciclo de
            ↪  trabajo (0.0 a 1.0)
            print(f"Intensidad del LED: {i}%")
            sleep(0.5)

        for i in range(100, 0, -10):
            led.value = i / 100.0  # Ajustamos el ciclo de
            ↪  trabajo (1.0 a 0.0)
            print(f"Intensidad del LED: {i}%")
            sleep(0.5)

# Llamamos a la función para ajustar la intensidad del LED
ajustar_intensidad()
```

Código 4: Uso del PWM para un led – gpio_3.py

4.4 Comunicación serie mediante UART

El periférico UART (Universal Asynchronous Receiver-Transmitter) es un periférico de comunicaciones *full-duplex* (comunicación en ambos sentidos, de forma simultánea) que permite enviar o recibir datos de otro dispositivo utilizando el protocolo UART. Toda UART posee dos líneas de comunicación: RX (línea de recepción de datos) y TX (línea de transmisión de datos). El protocolo UART implementa una transmisión asíncrona de paquetes UART de, al menos, 8 bits de datos más 1 bit de start. La transmisión es asíncrona porque no existe una señal compartida de reloj que sincronice cuándo hay un nuevo bit en el canal de comunicación. Para la

PWMOutputDevice(*args, **kargs)		
Argumentos		
pin	int / str	El nombre del pin físico asociado; por ejemplo "GPIO13"
active_high	bool	Si es True (predeterminado), el método on()/off() pone el pin a su valor alto/bajo() y viceversa
initial_value	bool / None	Valor inicial del pin
frequency	int	Frecuencia del PWM en Hz
Métodos y atributos		
blink(on_time,off_time,n,backg)		Parpadeo del pin con on_time segundos encendido, off_time segundos apagado, durante n ciclos. Si backg es True, la función no paraliza el programa
off()		Desactiva el pin (fijo a LOW)
on()		Activa el pin (fijo a HIGH)
value	float	Duty Cycle del PWM (en tanto por 1)
frequency	int	Frecuencia del PWM en Hz

Tabla 4.3: Resumen de métodos y atributos del objeto PWMOutputDevice

sincronización, se debe llegar a un acuerdo en la velocidad de transmisión (conocida como baudios o bits/segundo). En la figura 4.7 hay un ejemplo de cómo se transmite el valor 153 (10011001 en binario) con un bit de *stop*. La comunicación empieza cuando la línea en reposo a valor alto pasa a un valor bajo de tensión.

La comunicación serie nos puede ser muy útil para comunicar la RPi con distintos dispositivos electrónicos o con un ordenador para la transmisión inmediata de información. Esta es la forma más fácil de comunicar dos sistemas que están físicamente accesibles el uno del otro (máximo 2-3 metros). La gran mayoría de microcontroladores y dispositivos tienen un periférico UART, lo que resulta conveniente para establecer una comunicación permanente con ellos.

Más allá del funcionamiento del protocolo en sí, es importante entender que para cualquier aplicación de la UART, se necesita implementar un esquema de comunicación propio. El protocolo UART no define cómo han de comunicarse dos dispositivos más allá de cómo es la transmisión *byte* a *byte*. Cuando usemos la UART en la RPi, será necesario definir nuestro propio "idioma" entre dispositivos e interpretar los datos de entrada como enteros, comandos ASCII o incluso individualmente bit a bit.

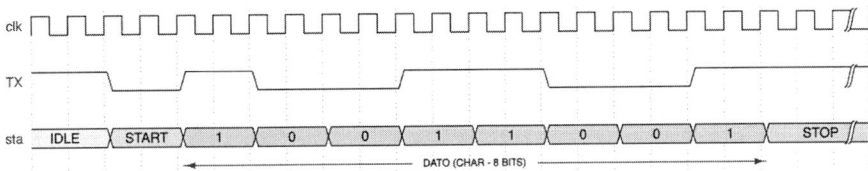

Figura 4.7: Ejemplo de transmisión del dato `10011001` a través de UART con 1 bit de *stop* y sin bits de paridad

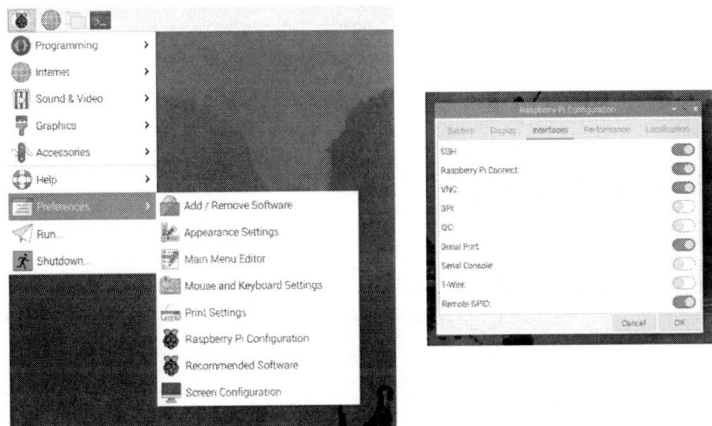

Figura 4.8: Configuración de la UART0 como puerto serie sin consola Shell

El periférico UART en la RPi

La RPi, dependiendo del modelo, posee un número variable de UART asociadas a distintos pines. En la RPi, tendremos 6 UARTs distintas, asociadas a distintos pines de la RPi4 (véase tabla 4.4). Además, disponemos de 4 puertos USB, con los que es posible establecer también una comunicación serie con otro dispositivo USB en modo *device*.

La RPi4, si no cambiamos su configuración inicial, solo tiene habilitada la UART0. Esa UART funcionará como un terminal Shell de Linux de forma predeterminada, por lo que solo podrá ser usada como terminal de la RPi. Para usar la UART0 como método de comunicación, deberemos cambiar la configuración mediante la herramienta `raspi-config`:

```
$ sudo raspi-config
```

Desde ahí, iremos a la pestaña Interface options → Serial port → pulsamos Yes para activar la UART → pulsamos No para desactivar el modo Shell de la UART. Reiniciamos la RPi para efectuar los cambios y ya tendremos la UART0 disponible para comunicarnos con otros dispositivos. También podemos activar la UART0, que es la predeterminada, usando la interfaz de escritorio (véase figura 4.8).

	RX	TX	(Otra función)
UART0	14	15	
UART1	14	15	
UART2	0	1	I2C0
UART3	4	5	
UART4	8	9	SPI0
UART5	12	13	GPIO-FAN

Tabla 4.4: Asociación de cada UART con sus pines de entrada/salida

Para usar cualquier otra UART, deberemos activarla modificando el archivo de configuración de inicio /boot/config.txt con nano o con un editor de texto cualquiera. Deberemos añadir las siguientes líneas dependiendo de qué UART vamos a usar:

```
enable_uart=1 # Nos aseguramos de que está a 1
dtoverlay=uart0
dtoverlay=uart1
dtoverlay=uart2
...
```

Debemos reiniciar al modificar este archivo y ya tendremos listo las UART. Para asegurarnos de que están disponibles, debemos comprobar que existen como seudo-oficheros tty. En un terminal, podemos verificar que están disponibles buscando todos los archivos dentro del directorio /dev/:

```
$ ls /dev/ttyAMA*
```

Se listarán todos los ficheros que empiecen por ttyAMA. Deberá aparecer uno por cada UART que hemos activado, excepto para la UART0, que siempre aparecerá como ttyS0.

> **Advertencia**
>
> Debido al diseño de la RPi4, no es posible activar todas las UART al mismo tiempo; por ejemplo, la UART1 y la UART0 están conectadas a los mismos pines. No es recomendable activar más UART que las que necesitamos.

Comunicación serie mediante PySerial

El módulo PySerial permite manejar la comunicación serie (ya sea por una UART
o por USB) de forma transparente. Solo necesitamos indicar el seudofichero tty.
Para establecer una comunicación serie, solo debemos instanciar un objeto `Serial`
del módulo PySerial:

```
import serial
uart = serial.Serial('/dev/ttyS0', 9600)
```

Es importante destacar que la comunicación serie es **asíncrona**, por lo que no existe
manera de saber si al establecer la conexión hay alguien escuchando al otro lado.
La creación del objeto `Serial` solo instancia la clase y reserva el recurso a nivel de
SO (para evitar que otro proceso pueda usarlo, por ejemplo). Podemos conectar dos
RPi entre sí para probar la comunicación serie. Para conectar las UART, debemos
conectar el pin RX de una con el TX de la otra y viceversa, tal y como aparece en la
figura 4.9. De esta forma, todo lo que se escriba en el RX de la RPi A será leído por
la RPi B y al revés.

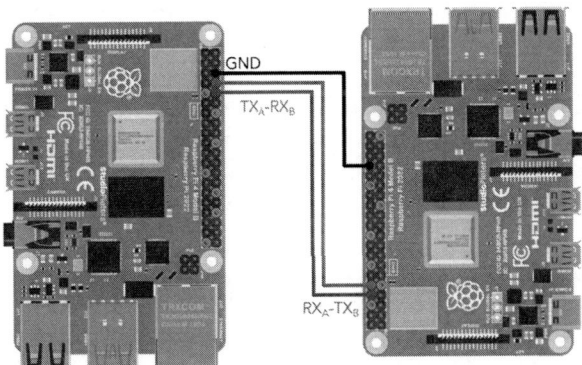

Figura 4.9: Conexión de la UART0 de dos RPi entre sí

En el siguiente ejemplo de código, se usan los métodos `write`, `read` y el atributo
`in_waiting` para enviar, leer y esperar nuevos datos:

```
import serial
import time


TTY = '/dev/ttyS0'
BAUDRATE = 9600
# Creamos la comunicación: 1 bit de stop, sin paridad
```

```python
uart = serial.Serial(TTY, BAUDRATE)


# Enviamos un mensaje inicial
mensaje = "Hello from Raspberry Pi!\n"
uart.write(mensaje.encode())
time.sleep(1)


while True:

    # Enviamos un mensaje #
    uart.write(mensaje.encode())
    time.sleep(1) # Esperamos un poco...

    if uart.in_waiting > 0:
        # Leemos el mensaje cuando haya algo en el buffer
        data = uart.read(uart.in_waiting).decode()
        print(data)
```

Código 5: Ejemplo de uso de comunicación serie – `serial_0.py`

Si hemos conectado bien los cables y ejecutado ambos programas en las respectivas RPi, deberíamos ver en cada pantalla los mensajes recibidos entre ellas. Es importante fijarse en que, antes de leer con `read(size)`, es necesario observar cuántos bytes hay en el buffer de recepción. Si intentamos leer de un *buffer* con menos *bytes* que los indicados, se activará un error de *timeout*. Esto tiene su razón de ser a la hora de diseñar sistemas de comunicación con restricciones críticas, en los que la cantidad de datos transmitida se conoce de antemano. En este ejemplo se lee todo el *buffer* con la esperanza de que se haya recibido toda la información desde la última lectura.

Es importante destacar que las operaciones de lectura del puerto serie devuelven siempre un tipo `bytes` de datos. El tipo `bytes` representa un literal (un tipo de dato inmutable) que debe convertirse en función del dato que esperamos obtener. Si cada byte individual representa un carácter de una cadena (un *string*), debemos usar el método `decode()` para pasar de `bytes` a `str`. Para enviar datos, debemos convertirlos primero a bytes. Podemos crear un conjunto de bytes mediante la construcción de un literal `bytes([0x01, 0xF1, ...])` o directamente pasando una cadena de caracteres a *bytes* con el método `encode()`.

serial.Serial(*args, **kargs)		
Argumentos		
port	str	
baudrate	int	Baud rate de transmisión y lectura (9600, 19200, ..., 115200)
timeout	int	Tiempo máximo de espera en segundos para la lectura
Métodos y atributos		
close()		Cierra el puerto serie y libera el recurso
read(size)	bytes	Lee size bytes del puerto serie si están disponibles. Lanza una excepción si hay *timeout*
read_until(expected, size)	bytes	Lee hasta que se encuentre una secuencia esperada (expected, LF por defecto), se supera el tamaño, o hasta que ocurra un *timeout*
in_waiting	int	Número de *bytes* esperando a ser leídos (0 si el *buffer* de entrada está vacío)
write(data)	int	Escribe en el *buffer* de salida los *bytes* de data. Devuelve el número de *bytes* que se han escrito
flush()		Espera a que todos los bytes se hayan escrito en el *buffer* de salida

Tabla 4.5: Resumen de atributos y métodos de la clase tipo serial.Serial

4.5   Ejercicios propuestos

Pregunta 4.1 Implementa una función que detecte una doble pulsación en el botón. Considera que una doble pulsación es aquella en la que llega una pulsación con menos de un segundo de diferencia de la anterior (pista: puedes leer el contador de segundos del sistema con time.time() para contar el tiempo entre pulsaciones).

Pregunta 4.2 Implementa un programa para el control de la intensidad del led. Con una pulsación, el led incrementará su brillo en un 10 %. Con una doble pulsación, el led decrementa su brillo en un 10 %. No se podrá incrementar o decrementar fuera de los límites. Escribe un mensaje por pantalla si ocurre esto.

Pregunta 4.3 Un servomotor es un motor de corriente continua que fijará el ángulo de su eje en función del Duty Cycle de la señal PWM. Los servomotores g90 funcionarán con una señal de PWM de periodo 20ms. El eje se moverá entre 0° y 90° cuando la señal esté activa entre 1ms y 2ms, lo que implica un Duty Cycle en el intervalo $[5\%, 10\%]$. Escribe un programa que acepte por teclado (con la función input()) un valor de ángulo, lo convierta a Duty Cycle y se lo pase al atributo PWMOutputDevice.value. Para conectar el servomotor, el cable rojo y el negro van respectivamente a 5V y 0V. El cable naranja irá al GPIO con la señal PWM.

Pregunta 4.4 Un PWM con un Duty Cycle del 50 % es una forma muy sencilla de actuar sobre un zumbador, pues representa de forma muy elemental una onda senoidal. El tono musical de un zumbador depende no del Duty Cycle (fijo al 50 %) sino de la frecuencia. Si la escala musical (DO RE MI FA SOL LA SI) se corresponde aproximadamente con las frecuencias en Hz (261, 293, 329, 349, 392, 440 y 493), cambia el valor de la frecuencia (atributo frecuency del objeto tipo PWMOutputDevice) para obtener un selector de tono con dos botones (uno para bajar en la escala y otro para subir). Observa el resultado con el osciloscopio o conecta el pin directamente a un zumbador.

Pregunta 4.5 Mediante comunicación serie entre dos RPi con el UART0, implementa un sistema de botón remoto. En una RPi, se recibirá la pulsación de un botón por interrupción. Se enviará a la otra RPi un valor en función del valor leído. La otra RPi actuará sobre un led. Si se recibe un valor '1´, se encenderá. Si se recibe un '0´, se apagará. Adicionalmente, si se recibe una doble pulsación por el botón, se deberá enviar un carácter especial 'X´, que hará que el led parpadee tres veces.

5. SenseHat: uso y aplicaciones

El SenseHat es un complemento para la Raspberry Pi que incluye una variedad de sensores y una matriz de ledes, proporcionando una forma sencilla de interactuar con el entorno físico y visualizar los datos. Se conecta directamente a la Raspberry Pi y es muy popular en proyectos de internet de las cosas (IoT), educación y experimentación científica. En este capítulo aprenderemos a utilizar todos los periféricos asociados al SenseHat. Además, introduciremos brevemente módulos como NumPy que nos ayudarán a tratar con vectores y matrices de datos y con Matplotlib, el módulo de dibujo de gráficos más importante de Python.

Para este capítulo necesitaremos:

- Raspberry Pi 4 con el SO proporcionado con el libro.
- Un SenseHat.

Todos los códigos de este capítulo están disponibles en el repositorio `https://bender.us.es/etsi/AplicacionesRPi`, dentro de la carpeta Práctica 2.

5.1 Características

Para la colocación del SenseHat, deberemos desenchufar la RPi de la corriente. Este paso es importante, porque enganchar el SenseHat al *socket* de pines con la alimentación conectada podría dañar el dispositivo. Una vez lo hemos conectado tal y como aparece en la figura 5.1, podremos conectar la alimentación. Lo primero que veremos será un patrón arco íris en la matriz de ledes del SenseHat. Hasta que no desaparezca el patrón arco íris, la RPi no estará iniciada.

Figura 5.1: SenseHat colocado en la RPi

Con respecto a las propiedades del SenseHat, se incluyen los siguientes componentes:

- **Matriz de ledes RGB:** una matriz de 8×8 ledes que pueden mostrar gráficos, texto y colores. Es ideal para visualizaciones rápidas de datos
- ***Joystick*:** un pequeño *joystick* que puede detectar movimientos en las direcciones arriba, abajo, izquierda, derecha y presiones para seleccionar
- **Acelerómetro:** mide la aceleración en tres ejes (x, y, z), permitiendo detectar movimientos y orientación
- **Giroscopio:** mide la velocidad de rotación en los tres ejes (x, y, z), es decir, *roll*, *pitch* y *yaw*[1] indicadores de la orientación
- **Magnetómetro:** mide la intensidad del campo magnético en tres ejes, lo que puede utilizarse como una brújula
- **Termómetro:** mide la temperatura ambiente
- **Higrómetro:** mide la humedad relativa del ambiente
- **Barómetro:** mide la presión atmosférica

El SenseHat se controla mediante una biblioteca en Python (sense_hat[2]), lo que facilita la programación de sus sensores y la visualización de datos en la matriz de ledes.

5.2 Lectura de los sensores

La lectura de los sensores del SenseHat se hace a través de un módulo específico de Python para la Raspberry Pi llamado sense_hat. La librería nos permite realizar la lectura de los sensores de forma sencilla, independientemente del *hardware* indivi-

---

[1] https://howthingsfly.si.edu/flight-dynamics/roll-pitch-and-yaw
[2] https://pythonhosted.org/sense-hat/

dual de cada sensor. Es lo que se conoce en *software* como Hardware Abstraction
Layer (HAL) o capa de abstracción del *hardware*. En el ejemplo siguiente veremos
cómo realizar una lectura de todos los sensores disponibles, cada uno con su llamada
particular:

```python
from sense_hat import SenseHat

# Instanciación de la clase SenseHat
sense = SenseHat()

# Lectura de los sensores
Humedad = sense.get_humidity()
Temp1 = sense.get_temperature_from_humidity()
Temp2 = sense.get_temperature_from_pressure()
Presion = sense.get_pressure()
# Estos sensores devuelven un diccionario con los componentes
Acc = sense.get_accelerometer_raw()
Ori = sense.get_orientation_degrees()
Mag_norte = sense.get_compass()

print(f"Acc: %2.3f %2.3f %2.3f" % (Acc['x'], Acc['y'],
    ↪ Acc['z']))
print(f"Ori: %2.3f %2.3f %2.3f" % (Ori['pitch'], Ori['roll'],
    ↪ Ori['yaw']))
print(f"Mag. Norte: %2.3f" % (Mag_norte))
print(f"Humedad: %2.3f" %Humedad)
print(f"Temperaturas: %2.3f %2.3f" % (Temp1,Temp2))
print(f"Presión: %4.2f" %Presion)

# Mostramos la temperatura en la matriz de ledes
TStr = str(round(Temp1,2))
sense.show_message("T : " + TStr)
```

Código 6: *Script* para la lectura de todos los sensores del SenseHat -
sense_hat_01.py

Al ejecutar el programa, vemos que en la matriz de ledes se puede leer en un texto
en movimiento el valor de temperatura leído por el sensor. Esto se consigue con la
llamada *sense.show_message*.

Advertencia

La primera lectura del sensor de presión siempre es 0. Para que el sensor comience a leer normalmente, hay que tomar una segunda medida. También se puede ejecutar el Código 6 una segunda vez para que comience a funcionar.

5.3   Uso del *joystick*

El *joystick* del SenseHat no son más que 5 botones accionados al mover la palanca en las 4 direcciones posibles y con el quinto botón accionado al pulsar. La lectura de los eventos del *joystick* se puede realizar de dos formas: mediante lectura continua de los eventos (*polling*) o con funciones de interrupción que se activan al detectar alguna pulsación. Si la detección de los eventos de pulsación se hace por *polling*, es necesario usar el método get_events() de la clase stick que devuelve un iterable (una tupla) con los eventos detectados desde la última vez que se leyeron. Iterando a través de esos eventos, podemos mover la posición x,y. Una vez actualizada, podemos redibujar la matriz RGB con la nueva posición.

```python
from sense_hat import SenseHat

sense = SenseHat()
x,y = 4,4

def clamp(value, min_value=0, max_value=7):
    return min(max_value, max(min_value, value))

color=[200, 200, 0]
sense.clear(); sense.set_pixel(x,y,color)
bucle = True


while bucle:
    events = sense.stick.get_events() # Obtenemos los eventos
    for event in events:
        if event.direction  == "down" and event.action !=
        ↪  "released":
            y = clamp(y + 1)
        if event.direction  == "up"and event.action !=
        ↪  "released":
            y = clamp(y - 1)
        if event.direction  == "left"and event.action !=
        ↪  "released":
            x = clamp(x - 1)
```

```
              if event.direction  == "right"and event.action !=
           ↪  "released":
                  x = clamp(x + 1)
              if event.direction  == "middle":
                  bucle=False
              sense.clear()
              sense.set_pixel(x,y,color)
      sense.clear()
```

Código 7: *Script* para el manejo del *Joystick* por *polling* – sense_hat_02.py

Una alternativa a esta forma de programación es liberar al bucle principal de tener que leer e iterar sobre los eventos utilizando rutinas de interrupción. El módulo del SenseHat permite asociar un *handler* de interrupción a las pulsaciones de los botones. En el siguiente ejemplo veremos el mismo comportamiento que en el ejemplo anterior pero con la actualización de la posición *x,y* mediante las interrupciones:

```
    from sense_hat import SenseHat
    from sense_hat import ACTION_PRESSED, ACTION_HELD,
       ↪  ACTION_RELEASED
    import time


    x = 3; y = 3; sense = SenseHat()

    def clamp(value, min_value=0, max_value=7):
        return min(max_value, max(min_value, value))
    def pushed_up(event):
        global y
        if event.action != ACTION_RELEASED:
            y = clamp(y - 1)
    def pushed_down(event):
        global y
        if event.action != ACTION_RELEASED:
            y = clamp(y + 1)
    def pushed_left(event):
        global x
        if event.action != ACTION_RELEASED:
            x = clamp(x - 1)
    def pushed_right(event):
        global x
```

```
        if event.action != ACTION_RELEASED:
            x = clamp(x + 1)
    def refresh():
        sense.clear()
        sense.set_pixel(x, y, 255, 255, 255)


    sense.stick.direction_up = pushed_up
    sense.stick.direction_down = pushed_down
    sense.stick.direction_left = pushed_left
    sense.stick.direction_right = pushed_right
    sense.stick.direction_any = refresh
    refresh()


    while True:
        time.sleep(1)
        print(f"X: {x}, Y: {y}")
        if x == 0 and y == 0:
            break
```

Código 8: Declaración y asociación de los manejadores de eventos – sense_hat_03.py

5.3.1　Representación de datos con Matplotlib

Matplotlib[3] es una biblioteca de Python que se utiliza principalmente para la creación de gráficos y visualizaciones en 2D. El submódulo de Matplotlib, Pyplot, está inspirado en MATLAB, lo que significa que su sintaxis y funcionalidad resultan familiares para quienes han trabajado con ese entorno. Esto permite a los usuarios generar gráficos de manera rápida y sencilla, con solo unas pocas líneas de código. Una de las características más destacadas de Matplotlib es su versatilidad. Aunque es principalmente conocida por sus gráficos en 2D, también es capaz de manejar gráficos en 3D. Además, ofrece un alto nivel de personalización, permitiendo ajustar prácticamente cualquier aspecto del gráfico, desde los colores y tipos de líneas, hasta las etiquetas, leyendas y más características.

Gráficas simples con matplotlib

En este primer ejemplo veremos cómo representar en una gráfica una serie temporal de datos. Lo primero que haremos es importar el submódulo Pyplot de Matplotlib y el SenseHat. A continuación crearemos una figura con plt.figure(). Al crear esta

---

[3] https://matplotlib.org/

figura, aparecerá una ventana nueva y *estaremos en el contexto de esa ventana*. Esto quiere decir que, hasta que no creemos otra, todo lo que dibujemos se verá en la ventana del contexto actual.

```python
import matplotlib.pyplot as plt
from sense_hat import SenseHat
import time

plt.figure() # Creamos una figura
datos_x = []
datos_y = []

sense = SenseHat()
```

Código 9: Importación de módulos y creación de una ventana – `sense_hat_04.py`

A continuación, iniciaremos el bucle, que discurrirá a lo largo de 20 iteraciones con un tiempo de espera de 1 segundo entre cada una. En cada iteración, añadiremos el instante t y el dato leído a sus respectivas listas (mediante el método append para que se coloque al final de los datos que ya hay).

```python
while t < 20:
    # Esperamos 1 segundo
    time.sleep(1)
    t += 1
    # Read the temperature
    temp = sense.get_temperature_from_humidity()
    # Añadimos los datos al final de cada lista
    datos_x.append(t)
    datos_y.append(temp)
```

Código 10: Importación de módulos y creación de una ventana – `sense_hat_04.py`

Cuando hayamos salido del bucle, ya estamos listos para representar. Mediante la función `plot` podemos generar un gráfico de líneas (X vs. Y) de color azul con línea continua ('b' para el color *blue* y '-' para el estilo de línea). Con las funciones `xlabel` y `ylabel` se puede poner un rótulo a los ejes. Finalmente, para mostrar la imagen que hemos ido construyendo, tenemos que llamar a `plt.show()`. Esta función, si no se indica lo contrario, muestra las figuras y bloquea el programa hasta que se hayan cerrado todas las ventanas de Matplotlib.

```
# Mostramos los datos
plt.plot(datos_x, datos_y, 'b-')
# Añadimos etiquetas
plt.xlabel('Tiempo (s)')
plt.ylabel('Temperatura (C)')
plt.title('Temperatura vs Tiempo')
# Mostamos la gráfica
plt.show()
```

Código 11: Representación de los datos – `sense_hat_04.py`

El resultado será algo como en la figura 5.2.

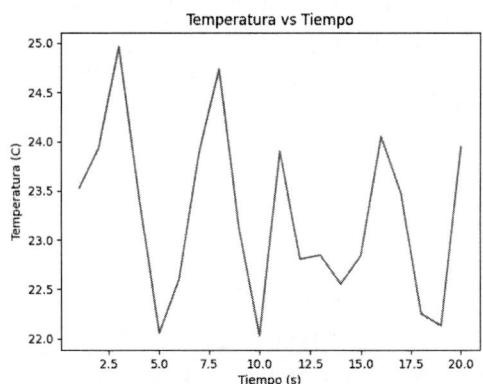

Figura 5.2: Resultado de la toma de temperatura con el SenseHat

Gráficas múltiples – *subplots*

Es posible representar distintos gráficos a la misma vez usando los *subplots* de Matplotlib. La diferencia con el ejemplo anterior está en que crearemos un conjunto de *subplots* en lugar de una figura completa:

```
fig, ax = plt.subplots(2,1) # Creamos una figura con 2 fila y 1
↪   columna
```

Con esto, se crea el objeto *fig* (la figura) y el objeto *ax* (los distintos ejes de los *subplots*). Le indicaremos el número de filas y de columnas que queremos (en este caso dos filas y una columna). La recogida de datos es igual, almacenando cada dato por separado, con un segundo de diferencia entre cada dato (un total de 20 segundos):

```python
datos_x = []
datos_y = []
datos_y2 = []

sense = SenseHat()
t = 0
while t < 20:
    # Esperamos 1 segundo
    time.sleep(1)
    t += 1
    # Read the temperature
    temp = sense.get_temperature_from_humidity()
    humidity = sense.get_humidity()
    # Añadimos los datos al final de cada lista
    datos_x.append(t)
    datos_y.append(temp)
    datos_y2.append(humidity)
```

Código 12: Captura de los datos – sense_hat_05.py.

A la hora de representar los datos, tendremos que usar el método *plot* sobre cada eje:

```python
# Mostamos los datos
ax[0].plot(datos_x, datos_y, 'b-')
ax[1].plot(datos_x, datos_y2, 'r-')
# Añadimos etiquetas
ax[1].set_xlabel('Tiempo (s)')
ax[1].set_ylabel('Humedad (%)')
ax[0].set_ylabel('Temperatura (C)')
ax[0].set_title('Datos vs Tiempo')
```

Código 13: Representación de los datos – sense_hat_05.py.

El resultado será el de la figura 5.3.

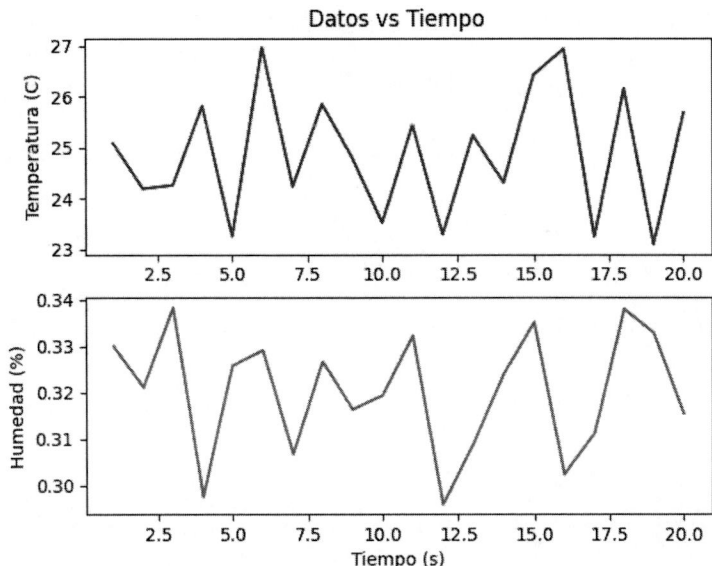

Figura 5.3: Resultado de la toma de temperatura y humedad con el SenseHat

5.4 Uso del giróscopo y acelerómetro

Una IMU (Inertial Measurement Unit) es un sistema microelectrónico dedicado a la estimación de la orientación y la posición de un objeto. Está compuesto por un acelerómetro, un giroscopio y, en algunos casos, un magnetómetro. En el caso del SenseHat, se dispone de estos tres sistemas de medición. Es frecuente encontrar estos dispositivos electrónicos en aplicaciones como la realidad virtual, la robótica o la monitorización de la actividad física. En esta sección veremos cómo obtener las medidas de estos sensores, cómo representarlas en un gráfico y cómo guardarlas en un fichero CSV para su posterior análisis.

Hemos visto que, para obtener las medidas, debemos usar el módulo `sense_hat` con las siguientes llamadas expuestas en la figura 5.3.

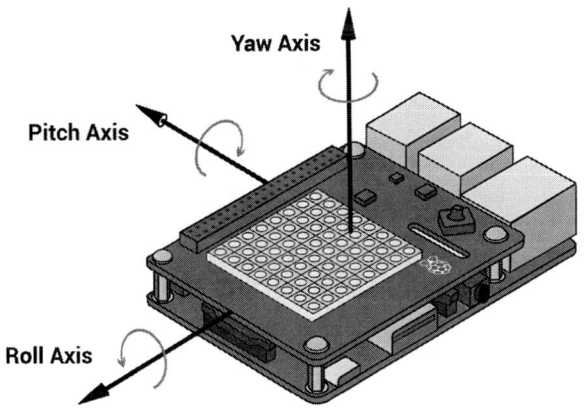

Figura 5.4: Ejes de referencia del SenseHat

```
from sense_hat import SenseHat
sense = SenseHat()
Acc = sense.get_accelerometer_raw()
Ori = sense.get_orientation_degrees()
Mag_norte = sense.get_compass()
```

Los métodos `get_accelerometer_raw` y `get_orientation` devuelven un diccionario con las componentes de la aceleración en g (múltiplos de $9.8m/s^2$) y la orientación en grados, respectivamente. El método `get_compass` devuelve la orientación del norte magnético en grados. En el caso de las medidas inerciales (acelerómetro y giroscopio), las componentes son las siguientes: `pitch`, `roll` y `yaw`. Estos corresponden a los ángulos de inclinación, balanceo y orientación, respectivamente, según la figura 5.4.

En el siguiente ejemplo, veremos cómo obtener estas medidas, guardarlas en un fichero CSV y representarlas en un gráfico. Para ello, usaremos las librerías `NumPy` y `matplotlib`. La librería `NumPy` es una extensión de Python que proporciona un soporte para vectores y matrices, así como funciones matemáticas para operar con ellos.

```
from sense_hat import SenseHat
import numpy
import time

sense = SenseHat()
datos = []
```

```
for t in range(100):
    # Obtener datos del sensor
    ori = sense.get_orientation()
    ace = sense.get_accelerometer_raw()

    # Cada fila se compone de:
    # [1 COL (t) +
    #  3 COLS (orientacion) +
    #  3 COLS (aceleracion)]

    datos_fila = [t, ori['pitch'], ori['roll'],  ori['yaw'],
                  ace['x'],  ace['y'], ace['z']]

    # Agregar datos a la lista
    datos.append(datos_fila)
    time.sleep(0.1) # Espera 0.1 segundos

# Convertir lista a NumPy array
data = numpy.array(datos)

# Podemos acceder a los datos por fila/columna (como en MatLab)
print(data[:, 1]) # Todas las filas de la columna 1 (pitch)
print(data[0, :]) # La primera fila de todas las columnas

# Guardamos los datos en un archivo CSV con dos decimales
numpy.savetxt('datos.csv', data, delimiter=',', fmt='%.2f')
```

Código 14: Captura de datos de IMU y creación de *array* de Numpy –
sense_hat_06.py

Para leer los datos, podemos usar la función genfromtxt(data, delimiter) de
NumPy, que nos permite leer un fichero CSV y almacenar los datos en un *array*. A continuación, podemos representar los datos con Matplotlib. En este caso,
representaremos las medidas de aceleración en función del tiempo.

```
import matplotlib.pyplot as plt
import numpy as np

# Cargar datos desde el archivo CSV
data = np.genfromtxt('datos.csv', delimiter=',')
```

```
# Creamos una figura con dos subplots
fig, ax = plt.subplots(2, 1)

# Graficamos la aceleración en el primer subplot (x, y, z)
ax[0].plot(data[:, 0], data[:, 4:7], label=['x', 'y', 'z'])
ax[0].grid(True)
ax[0].legend()

# Graficamos la aceleración en el segundo subplot (pitch, roll,
↪ yaw)
ax[1].plot(data[:, 0], data[:, 1:4], label=['pitch', 'roll',
↪ 'yaw'])
ax[1].grid(True)
ax[1].legend()


plt.show()
```

Código 15: Captura de datos de IMU y creación de *array* de Numpy –
sense_hat_07.py

Debemos fijarnos en que con NumPy podemos seleccionar las columnas de un *array* mediante la siguiente notación:array[:,i], donde i es el índice de la columna. En este caso, seleccionamos la primera columna para el tiempo y las columnas 1, 2 y 3 para las componentes de la aceleración.

```
# Graficamos la aceleración en el segundo subplot (pitch, roll,
↪ yaw)
ax[1].plot(data[:, 0], data[:, 1:4], label=['pitch', 'roll',
↪ 'yaw'])
```

Código 16: Captura de datos de IMU y creación de *array* de Numpy –
sense_hat_07.py

5.5   Uso de la matriz de ledes

El SenseHat dispone de una matriz de ledes RGB de 8×8 que permite mostrar gráficos, texto y colores. La matriz se puede controlar mediante la librería sense_hat de Python. En esta sección veremos cómo mostrar un gráfico en la matriz de ledes y cómo mostrar un texto en movimiento.

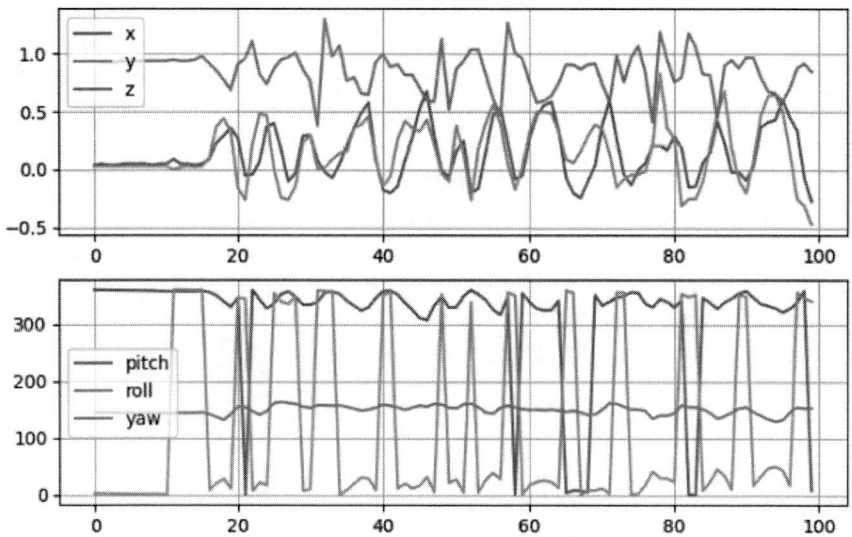

Figura 5.5: Resultado de ejecutar el *script* sense_hat_07.py

En el siguiente ejemplo, implementaremos un dado virtual que mostrará un número aleatorio en la matriz de ledes cada vez que se pulse el *joystick*. Para ello, usaremos la función show_letter de la librería sense_hat.

En el código, primero escribiremos los distintos valores que puede tomar el dado en una lista de 8x8 elementos. Cada elemento de la lista se corresponde con un píxel, que es a su vez una lista de 3 componentes (RGB); por ejemplo, el número 1 se corresponde con el siguiente patrón:

```
import random
from sense_hat import SenseHat, ACTION_PRESSED, ACTION_HELD,
 ↪  ACTION_RELEASED
import time


O = [255, 0, 0]  # Rojo
X = [255, 255, 255]  # Blanco

UNO = [
    0, 0, 0, 0, 0, 0, 0, 0,
    0, 0, 0, 0, 0, 0, 0, 0,
    0, 0, 0, 0, 0, 0, 0, 0,
    0, 0, 0, X, X, 0, 0, 0,
```

```
        0, 0, 0, X, X, 0, 0, 0,
        0, 0, 0, 0, 0, 0, 0, 0,
        0, 0, 0, 0, 0, 0, 0, 0,
        0, 0, 0, 0, 0, 0, 0, 0
    ]
```

Código 17: Ejemplo de creación de matriz de ledes – sense_hat_08.py

Definimos una función que muestra muy rápidamente el número en la matriz de ledes para darle emoción al juego. La función espera a que el *joystick* registre algún evento. Se mostrarán aleatoriamente los números hasta que se detecte que se deja de pulsar el *joystick*:

```
numeros = [UNO, DOS, TRES, CUATRO, CINCO, SEIS]


def dado_loco():
    # Esperamos a que se suelte el joystick
    sense.stick.wait_for_event(ACTION_PRESSED)
    while True:
        # Encender todos los leds
        sense.set_pixels(random.choice(numeros))
        # Esperar 0.1 segundos
        time.sleep(0.1)
        # Salir del ciclo si se suelta el joystick
        if sense.stick.wait_for_event().action ==
        ↪   ACTION_RELEASED:
            return
```

Código 18: Función dado_loco – sense_hat_08.py

Finalmente, en el bucle principal, se llama a la función dado_loco() y se escoge un número aleatorio entre 1 y 6 que será mostrado por la matriz de ledes. Se puede ver el resultado de ejecutar este código en la figura 5.6:

```
# Crear una instancia de la clase SenseHat
sense = SenseHat()

# Limpiar la matriz de ledes
sense.clear()
```

```
while True:
    # Cambiamos muy rápido los números
    # del dado hasta pulsar el joystick
    dado_loco()
    # Seleccionar un números aleatorio
    numero = random.choice(numeros)
    # Mostrar el números en la matriz de ledes
    sense.set_pixels(numero)
```

Código 19: Bucle principal – sense_hat_08.py

El resto de las funciones de manejo de la pantalla se pueden encontrar en la documentación oficial de la librería sense_hat[4].

Figura 5.6: Resultado de ejecutar el *script* sense_hat_08.py

---

[4] https://pythonhosted.org/sense-hat/

5.6   Ejercicios propuestos

Pregunta 5.1 Implementa un programa que grafique en tiempo real la temperatura mediante la matriz de ledes, como si de un visualizador de audio se tratara. Cada columna será un instante de tiempo de una ventana de 8 segundos. Cada fila se corresponderá con un rango de temperaturas; por ejemplo, si la temperatura está entre 0 y 10 grados, se encenderá la primera fila, y si está entre 10 y 20 grados, la segunda fila, y así sucesivamente (véase la figura 5.7 como referencia).

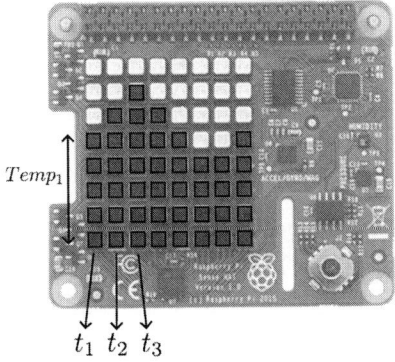

Figura 5.7: Visualizador de temperatura con el SenseHat

Pregunta 5.2 Implementa un programa que muestre en la matriz de ledes la orientación de la RPi con un píxel. Para ello, puedes usar la función set_pixel de la librería sense_hat para poner el píxel que apunte hacie el norte. Puedes encender ledes de forma individual con la función set_pixel(x, y, r, g, b). Para obtener la posición de ese píxel, puedes usar las funciones sin y cos del módulo math.

Pregunta 5.3 Crea un sistema de autoestabilización de una imagen. Lee las medidas del giroscopio para calcular cuál es la orientación de la imagen y muéstrala en la matriz de ledes de forma que siempre esté en la misma posición, independientemente de cómo se mueva la Raspberry Pi. Puedes usar la función set_rotation() de la librería sense_hat para rotar la imagen (se puede rotar 0, 90, 180 o 270 grados).

6. RaspiCamera y OpenCV

En este capítulo se explicarán conceptos elementales relativos al uso de la RaspiCamera y el procesamiento de las imágenes con Python mediante el módulo OpenCV. La **RaspiCam** o Raspberry Pi Camera Module es una cámara diseñada específicamente para la Raspberry Pi, que permite capturar imágenes y vídeos de alta calidad. Es ideal para proyectos de visión por ordenador, monitoreo y fotografía automatizada. La cámara se conecta a la Raspberry Pi a través del puerto CSI (Camera Serial Interface), lo que permite una comunicación rápida y eficiente entre la cámara y la RPi. Existen varios modelos de la RaspiCam, con resoluciones que varían desde 5 MP en las versiones más antiguas hasta 12 MP o más en los modelos más recientes. En este libro pondremos el foco en el desarrollo *software* más que en las capacidades de la cámara, por lo que la elección del modelo dependerá de la resolución requerida para la aplicación concreta.

Para esta práctica necesitaremos:

- Raspberry Pi 4 con el SO proporcionado con el libro.
- RaspiCamera V2.

Todos los códigos de esta práctica están disponibles en el repositorio `https://bender.us.es/etsi/AplicacionesRPi`, dentro de la carpeta Práctica 3.

6.1   Instalación de la RaspiCam

Instalar la RaspiCam puede parecer una tarea sencilla, pero, debido a su posición y formato, es muy fácil que una mala instalación lleve a romperla. La RaspiCam es frágil y debe tratarse con cuidado[1].

Figura 6.1: RaspiCam V2 desconectada del puerto de la RPi

Figura 6.2: Posición correcta de la RaspiCam colocada en una Raspberry Pi 4

Advertencia

Jamás debe conectarse la RaspiCam con la RPi conectada a la corriente, incluso cuando la RPi esté apagada. Siempre desconectaremos el adaptador de corriente, instalaremos o desinstalaremos la cámara y luego reconectaremos a la corriente. De otro modo, es **casi seguro** que romperemos el microcontrolador del dispositivo y no volverá a funcionar jamás.

---

[1] La forma correcta de colocar la cámara es la siguiente: https://projects.raspberrypi. org/en/projects/getting-started-with-picamera/2

6.2   Manejo de la cámara con Python

Podemos manejar la cámara mediante *software* a través del módulo `picamera2`[2] de Python. Este módulo nos permite utilizar las funciones básicas de la cámara como capturar una imagen, modificar los atributos de la cámara o grabar un vídeo. En general, `picamera2` estará instalado ya en el SO; no obstante, se puede instalar mediante el siguiente comando:

```
$ sudo apt install -y python3-picamera2
```

6.2.1   Captura de imagen

El primer ejemplo básico que veremos (`camera_0.py`) consiste en instanciar una clase de tipo *PiCamera2*, sacar una foto y guardarla en un directorio cualquiera. Vemos cómo una vez se haya instanciado el objeto *camera*, podemos cambiar los atributos de la captura de imagen (resolución, rotación de la imagen, etc.) directamente modificando los atributos (variables internas) del objeto. Para probar el código, podemos ejecutar el script y ver que en el directorio mismo del programa ahora hay una imagen nueva.

```python
from picamera2 import Picamera2, Preview
from time import sleep
import libcamera


# Instanciamos la clase PiCamera2
camera = Picamera2()


# Configuramos la resolución, visualizacion y rotación de la
    ↪ cámara
camera_config = camera.create_still_configuration(
    main={"size": (1920, 1080)},
    lores={"size": (640, 480)},
    display="lores")
camera_config['transform'] = libcamera.Transform(vflip=True)
camera.configure(camera_config)


# Iniciamos la vista previa de la cámara
camera.start_preview(Preview.QTGL)
camera.start()
```

---

[2] https://github.com/raspberrypi/picamera2

```
for i in range(1,4):
    print(4-i)
    sleep(1)

# Capturamos una imagen
camera.capture_file('./imagen.jpg')
# Detenemos la vista previa y cerramos la cámara
camera.stop_preview()
# Cerramos la cámara
camera.close()
```

Código 20: Código `camera_0.py` para la captura de una foto

Aquí podemos ver cómo se configura la cámara. La clase `Picamera` permite crear un objeto de configuración preparado para distintos objetivos. Siempre que queramos usarla, debemos inicializar una configuración y llamar a `camera.configure(config)`. Los distintos tipos de configuraciones iniciales son:

- `Picamera2.create_preview_configuration`: crea una configuración preparada para la previsualización de las imágenes por pantalla.
- `Picamera2.create_still_configuration`: crea una configuración óptima para la captura de imágenes estáticas.
- `Picamera2.create_video_configuration`: crea una configuración preparada para la grabación de vídeo.

La configuración recibe varios argumentos asociados a la configuración de la captura de la imagen de máxima calidad (`main`), y a la captura de imágenes de baja resolución para previsualización (`lores`). También podemos especificar cuál de las dos capturas (la principal o la de baja resolución) usaremos para la previsualización en una ventana (`display`).

```
camera_config = camera.create_still_configuration(
    main={"size": (1920, 1080)},
    lores={"size": (640, 480)},
    display="lores")
```

Para voltear la imagen de la cámara verticalmente, deberemos aplicar una transformación de tipo *vflip*. Esta transformación es un valor del diccionario que genera la función `create_still_configuration()`:

```
camera_config['transform'] = libcamera.Transform(vflip=True,
    ↪ hflip=False)
```

Por último, debemos inicializar la previsualización con un previsualizador gráfico (basado en QT Y OpenGL) **e inicializar la cámara también**:

```
camera.start_preview(Preview.QTGL)
camera.start()
```

En el ejemplo siguiente podemos intentar integrar lo aprendido en el capítulo 4 (manejo de GPIO) para crear una cámara fotográfica activada por un botón. Usaremos un botón conectado al pin GPIO1 que sirva para disparar la captura e ir guardando las imágenes de forma sucesiva. Para ello, instanciamos un objeto de tipo *Button*, que no es más que una subclase de *DigitalOutputDevice*. Este objeto nos permite usar el método `wait_for_press` que bloquea el código hasta que se detecta una pulsación entre otros métodos útiles[3].

```
from picamera2 import Picamera2, Preview
import gpiozero
from time import sleep
import libcamera


# Creamos un objeto tipo Button
button = gpiozero.Button("GPIO1", pull_up=True)
# Instanciamos la clase PiCamera2
camera = Picamera2()
# Configuramos la resolución, visualizacion y rotación de la
↪ cámara
camera_config = camera.create_still_configuration(
    main={"size": (1920, 1080)},
    lores={"size": (640, 480)},
    display="lores")

camera_config['transform'] = libcamera.Transform(vflip=True)
camera.configure(camera_config)
# Iniciamos la camara
camera.start_preview(Preview.QTGL)
camera.start()
# Iniciamos la vista previa de la cámara
for index in range(5):
    # Usamos el método wait_for_press()
    # para esperar a que el botón sea presionado
    print("Esperando a boton")
    button.wait_for_press()
```

---

[3] Métodos y atributos de Button: https://gpiozero.readthedocs.io/en/stable/api_input.html#button

```
    for i in range(5):
        print(i)
        sleep(1) # Esperamos 5 segundos
    camera.capture_file(f'./captura_{index}.jpg') # Capturamos
    print("Foto capturada!")


camera.close()
```

Código 21: Código `camera_1.py` para la captura con un botón

6.2.2 Captura de vídeo

La forma de capturar vídeo con *picamera2* es muy similar a la captura de imágenes. La diferencia está en que es necesario definir un estándar de compresión de la imagen o *Encoder*. Los encoders sirven para que los vídeos resultantes tengan un tamaño pequeño y manejable para su tratamiento o transmisión. En el siguiente ejemplo, el botón conectado a *GPIO1* empezará y terminará la grabación. El vídeo resultante quedará codificado en formato *H264*, que es el formato más utilizado en la industria de la distribución de vídeo en línea (YouTube, Twitch, etc.).

Primero, inicializaremos la cámara con la configuración óptima para vídeo:

```
import time
from picamera2 import Picamera2, Preview
from picamera2.encoders import Encoder, H264Encoder, Quality
import gpiozero


# Creamos el botón conectado al GPIO1 con pull-up
button = gpiozero.Button("GPIO1", pull_up=True)
# Instanciamos la clase PiCamera2
picam2 = Picamera2()
video_config = picam2.create_video_configuration(
    main={"size": (1920, 1080)},
    lores={"size": (640, 480)},  display="lores")
# Ajustamos la resolución y el framerate
picam2.configure(video_config)
# Iniciamos la vista previa de la cámara
picam2.start_preview(Preview.QTGL)
picam2.start()
```

Código 22: Configuración de la cámara para vídeo – `camera_02.py`

A continuación, creamos un objeto de tipo *Encoder*:

```
# Creamos un objeto de tipo H264Encoder (compresor de vídeo)
encoder = H264Encoder(10000000)
```

Código 23: Creación del *encoder* de vídeo – Del *script* camera_02.py

Por último, esperamos al botón y llamamos a la función start_recording con el *encoder* y la calidad de captura a *HIGH*:

```
# Iniciamos la grabación de vídeo
button.wait_for_press() # Esperamos a que el botón sea
↪ presionado
print("Grabando video")
picam2.start_recording(encoder, './video.h264',
↪ quality=Quality.HIGH)
time.sleep(2)
button.wait_for_press() # Esperamos a que el botón sea
↪ presionado
print("Deteniendo grabación")
picam2.stop_recording()
```

Código 24: Grabación de vídeo y escritura en disco – camera_02.py

Una vez ejecutado el código, podemos ver que en el directorio raíz se encuentra el vídeo que hemos grabado. Una alternativa a la compresión de vídeo mucho menos eficiente es grabar en formato RAW. Esto tiene la consecuencia de que el vídeo que hemos grabado no tiene pérdidas por compresión, pero el tamaño crece muchísimo. Para que no se realice ninguna compresión, el objeto *encoder* que le pasaremos al método picam2.start_recording será un *encoder* nulo Encoder(). Compara la diferencia en tamaño de los dos vídeos resultantes.

6.3   Computer Vision con OpenCV

En general, no solo querremos tomar imágenes con la cámara, sino también tratar esas imágenes para cumplir alguna función. En esta sección, trabajaremos con la ampliamente conocida librería OpenCV[4]. OpenCV es una librería de código abierto en Python y C/C++, que implementa muchísimas funciones de visión artificial. Permite manejar ficheros de audio y vídeos, manipularlos y tratarlos para

---

[4] https://opencv.org

su detección, corrección y transformación. En este capítulo trataremos algunos de los aspectos fundamentales de OpenCV para Python3 y cómo integrar la RaspiCam para realizar tareas de automatización.

Aunque en el SO estándar de la Raspberry Pi (RaspberryPiOS) es muy probable que OpenCV esté instalado para Python3, podemos instalarla fácilmente usando PIP:

```
pip install opencv-python
```

6.3.1　Primer ejemplo con OpenCV

En este primer ejemplo aprenderemos a usar las ventanas de OpenCV. Si bien no es necesario tener ninguna ventana para visualizar las imágenes de OpenCV, es muy importante que podamos ver qué ocurre con ellas a medida que las modificamos. Esto nos ayudará a depurar visualmente. En este ejemplo, configuramos la cámara para que capture las imágenes como un *array* de 3 canales (RGB – Red, Green, Blue) con una resolución de 8 bits (BGR888). Esto implica que cada píxel de cada canal tendrá un valor en el intervalo $[0, 2^8 - 1] = [0, 255]$. Cuando llamamos a la función `capture_array`, el objeto `camera` devolverá un `np.array`. Este tipo de dato, que proviene del módulo NumpPy[5], se comporta como una matriz numérica. En este caso, de tamaño $[3, H, W]$, donde H, W es el alto y el ancho de la imagen. El primer índice se reserva para el canal (RGB en este caso). OpenCV trabaja con este orden de canales-color. Con la función `cvtColor` podemos realizar transformaciones de color simples. Imponiendo la transformación *COLOR-RGB2GRAY*, realizamos una conversión a escala de grises con la siguiente fórmula:

$$RGB2GRAY : Y \leftarrow 0.299 \times R + 0.587 \times G + 0.114 \times B$$

Partimos de la configuración de la cámara:

```
import cv2
from picamera2 import Picamera2
import libcamera

# Creamos el thread the la ventana de OpenCV
cv2.startWindowThread()
# Creamos el objeto de la RaspiCam
picam2 = Picamera2()
# Modificamos el framrate (fps)
picam2.video_configuration.controls.FrameRate = 25.0
```

---

[5] https://numpy.org

```python
# Configuramos la resolución y formato de la cámara
config = {"format": 'RGB888', "size": (640, 480),}
picam2.configure(
    picam2.create_preview_configuration(
        main=config,
        transform=libcamera.Transform(vflip=True)))
# Iniciamos la vista previa de la cámara
picam2.start()
```

Código 25: Inicialización la cámara para en modo RGB *uint8* – `camera_3.py`

Una vez inicializada, tendremos el bucle infinito del programa:

```python
while True:
    # Capturamos una imagen (Teóricamente a 24fps)
    im_array = picam2.capture_array()
    # Convertimos la imagen a escala de grises
    grey = cv2.cvtColor(im_array, cv2.COLOR_RGB2GRAY)
    # Mostramos la imagen en una ventana de OpenCV llamada
    ↪  "Camera"
    cv2.imshow("Camera output", grey)
    # Esperamos 1ms para que la ventana de OpenCV no se cierre
    key = cv2.waitKey(1) & 0xFF
    if key == ord('q'):
        break

# Detenemos la vista previa de la cámara
picam2.stop()
# Cerramos la cámara
picam2.close()
# Cerramos la ventana de OpenCV
cv2.destroyAllWindows()
```

Código 26: Bucle principal de `camera_3.py` para el paso a escala de grises

Después de la conversión, la variable grey será un array de tamaño $[1, H, W]$, ya que hemos condensado los tres canales en uno solo. Mostraremos la imagen en una ventana llamada "Camera output" y leeremos el teclado con la función `waitKey`. Saldremos del bucle si la tecla pulsada es la 'q'. Es importante liberar los recursos consumidos tras terminar, debido a que, si el proceso principal termina pero no se liberan sus recursos asociados, puede ocurrir que en un nuevo programa no podamos usarlos, puesto que permanecen bloqueados. De esta forma, si salimos del programa con la tecla 'q', cerramos ordenadamente la cámara y las ventanas de OpenCV.

6.3.2 Eventos con OpenCV

OpenCV no solo servirá para modificar las imágenes, sino también para interactuar con ellas mediante el ratón, teclado y otros métodos. En este ejemplo, aprenderemos a usar los eventos de OpenCV para leer las pulsaciones del ratón sobre una ventana. El objetivo es dibujar sobre el *stream* de vídeo de la cámara una serie de círculos allá donde hagamos clic con el ratón. Para ello, primero configuraremos la cámara y crearemos una ventana:

```python
import cv2
from picamera2 import Picamera2
import libcamera

# Creamos el thread the la ventana de OpenCV
cv2.startWindowThread()
# Creamos el objeto de la RaspiCam
picam2 = Picamera2()
# Modificamos el framrate (fps)
picam2.video_configuration.controls.FrameRate = 25.0
# Configuramos la resolución y formato de la cámara
config = {"format": 'RGB888', "size": (640, 480)}
picam2.configure(
    picam2.create_preview_configuration(
        main=config,
        transform=libcamera.Transform(vflip=True)))
# Iniciamos la vista previa de la cámara
picam2.start()
```

Código 27: Inicialización de la cámara – `camera_4.py`

A continuación, asociaremos una función al evento de Mouse con la función `setMouseCallback`. Esto permite vincular una función cualquiera al evento del ratón. Esta función se ejecutará siempre que el ratón interactúe con la ventana (haciendo clic, doble clic, pasando por encima, etc.). En el ejemplo, buscaremos dos acciones: clic simple (que dibuja un círculo) o doble clic (que cierra la ventana y termina el programa).

```
# Variables globals para saber si se ha hecho doble clic o si se
 ↪ está dibujando
Final = False
dibuja_flag = False
centro = (0,0)
# Callback para dibujar un círculo en la imagen
def mouse_callback(event, x, y, flags, param):
    global dibuja_flag, centro, Final

    if event == cv2.EVENT_LBUTTONDOWN:
        dibuja_flag = True
        centro = (x,y)

    elif event == cv2.EVENT_LBUTTONDBLCLK:
        Final = True


# Creamos las ventanas de OpenCV
cv2.namedWindow("Frame")
# Asociamos el callback a la ventana "Frame"
cv2.setMouseCallback("Frame", mouse_callback)
```

Código 28: Función de *callback* de evento del ratón – `camera_4.py`

La función `mouse_callback` permite hacer esto de forma eficiente. Debemos fijarnos en que dentro de la función no se realiza más que una copia de las variables donde se ha hecho clic o se pone alguna variable a `True`. En general, cuando tenemos una función de interrupción, es una buena práctica salir de ahí lo más rápido posible. De otro modo, si llamamos a funciones costosas dentro de un *callback*, el proceso principal queda detenido.

En el bucle principal, se leerán las variables y *flags* impuestas en el *callback* y se actuará en consecuencia. Para que las variables de dentro y de fuera de una función **sean las mismas**, es necesario que sean globales. En la función de *callback*, se debe usar la palabra clave `global`. Esto impone que las variables que se van a usar y que tengan la etiqueta `global` se encuentren referenciadas **fuera** de la función. Así, por ejemplo, modificar `Final` dentro de la función `mouse_callback` no crea una variable nueva, sino que modifica la variable global usada en el bucle `while`. Finalmente, cuando se hace clic izquierdo simple, en el bucle principal, la función `circle` modifica la imagen `im_array` con la última posición de clic y la muestra en la ventana. Nótese que en la función `circle` no se devuelve una nueva imagen, sino que modifica el objeto de entrada.

```
while not Final:
    # Capturamos una imagen
    im_array = picam2.capture_array()

    # Dibujamos un círculo si se ha hecho clic
    if dibuja_flag:
        cv2.circle(im_array, centro, 10, (0,0,255), -1)

    # Mostramos la imagen en la ventana de OpenCV
    cv2.imshow("Frame", im_array)
    # Esperamos 1ms para que la ventana de OpenCV no se cierre
    key = cv2.waitKey(1) & 0xFF
    if key == ord('q'):
        break

# Detenemos la vista previa de la cámara
picam2.stop()
# Cerramos la cámara
picam2.close()
# Cerramos la ventana de OpenCV
cv2.destroyAllWindows()
```

Código 29: Bucle principal de `camera_4.py` para el manejo de eventos de ratón

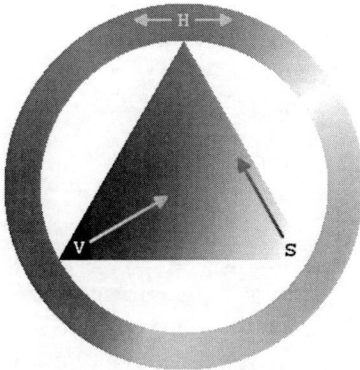

Figura 6.3: Modelo de color HSV representado gráficamente

6.3.3 Filtrado por colores

En este ejemplo utilizaremos una técnica muy usada en visión artificial para detectar objetos que tienen colores predefinidos. En ciertas aplicaciones industriales, es fácil detectar objetos debido a que poseen un color muy particular en la imagen respecto de los otros objetos de su alrededor. Para detectar estos objetos, podemos realizar un filtrado por colores. En este ejemplo, utilizaremos los deslizadores de OpenCV para obtener una máscara de píxeles cuyos valores HSV que estén dentro del intervalo deseado. El modelo HSV utiliza una representación a tres canales distinta del RGB. En lugar de representar la intensidad de los tres colores primarios RGB, describe un color con tres componentes: Matiz (*Hue*), Saturación (*Saturation*) y Brillo (*Value*) (véase imagen 6.3). Con el primero de los canales, escogeremos el color; con los otros dos, el tono dentro de ese color.

En el código siguiente podemos ver cómo implementar el filtro HSV. Crearemos tres ventanas de OpenCV: la 1ª y 2ª, para representar el antes y el después del filtrado. La 3ª servirá para implementar 6 deslizadores para escoger de forma dinámica el máximo/mínimo de cada parámetro HSV:

```python
# Creamos una ventana de OpenCV llamada "Camera"
cv2.namedWindow("Sin filtrar")
cv2.namedWindow("Filtrado")
# Creamos una ventana para los deslizadores
cv2.namedWindow("Deslizadores")
```

Código 30: Creación de las 3 ventanas para el filtrado – `camera_5.py`

Creamos los objetos tipo `trackbar` y los asociamos a la última ventana creada (deslizadores). A continuación, impondremos el valor inicial (0 para los mínimos y 255 para los máximos) y el valor máximo del `trackbar`, que será 255 (valores RGB con 8 bits de resolución). La función de *callback* de los deslizadores es una función vacía (`nothing`):

```python
# Callback para cambiar el valor de los deslizadores
def nothing(x):
    pass


# Creamos los deslizadores
cv2.createTrackbar("Hue Min", "Deslizadores", 0, 255, nothing)
cv2.createTrackbar("Hue Max", "Deslizadores", 255, 255, nothing)
cv2.createTrackbar("Sat Min", "Deslizadores", 0, 255, nothing)
cv2.createTrackbar("Sat Max", "Deslizadores", 255, 255, nothing)
```

```
cv2.createTrackbar("Val Min", "Deslizadores", 0, 255, nothing)
cv2.createTrackbar("Val Max", "Deslizadores", 255, 255, nothing)
```

Código 31: Creación de las 3 ventanas para el filtrado – `camera_5.py`

Estos valores se podrán leer con la función `getTrackbarPos` indicando el nombre del deslizador y la ventana en la que se encuentran. Una vez se leen dentro del bucle principal, obtendremos la máscara `mask` binaria, que indica qué valores están dentro del rango. Esta máscara será una matriz del mismo tamaño que una imagen RGB pero con un solo canal y valores binarios: 1 para el píxel que está en rango y 0 para el píxel que está fuera. Esta máscara se puede obtener con la función de OpenCV `inRange`, que recibe la imagen de entrada una terna con los valores mínimos y otra con los valores máximos. Si multiplicamos esta máscara píxel-a-píxel por nuestra imagen RGB con la función `bitwise-and`, obtendremos que aquellos valores fuera de rango se irán a 0.

A continuación, el bucle principal en el que haremos lo siguiente:

1. Convertimos la imagen a HSV (`cv2.cvtColor(imagen, conversión)`).
2. Leemos de los *trackbars* los valores máximos y mínimos de color, saturación y brillo.
3. Sacamos la máscara binaria de aquellos valores que están en rango (`cv2.inRange`). El resultado es una imagen de 0/1 en el que tendremos un 1 donde el píxel cumple la condición, y un 0, donde no.
4. Multiplicamos la imagen RGB por la máscara (`cv2.bitwise_and`).
5. Mostramos los resultados.

```
while True:

    # Capturamos una imagen (Teóricamente a 24fps)
    im_array = picam2.capture_array()
    # Convertimos la imagen a espacio de color HSV
    hsv = cv2.cvtColor(im_array, cv2.COLOR_BGR2HSV)
    # Obtenemos los valores de los deslizadores
    h_min = cv2.getTrackbarPos("Hue Min", "Deslizadores")
    h_max = cv2.getTrackbarPos("Hue Max", "Deslizadores")
    s_min = cv2.getTrackbarPos("Sat Min", "Deslizadores")
    s_max = cv2.getTrackbarPos("Sat Max", "Deslizadores")
    v_min = cv2.getTrackbarPos("Val Min", "Deslizadores")
    v_max = cv2.getTrackbarPos("Val Max", "Deslizadores")

    # Creamos una máscara para los valores de H, S y V
```

```
mask = cv2.inRange(hsv, (h_min, s_min, v_min), (h_max,
↪  s_max, v_max))
# Aplicamos la máscara a la imagen original
res = cv2.bitwise_and(im_array, im_array, mask=mask)
# Mostramos la imagen en una ventana de OpenCV llamada
↪  "Camera"
cv2.imshow("Sin filtrar", im_array)
cv2.imshow("Filtrado", res)
# Esperamos 1ms para que la ventana de OpenCV no se cierre
key = cv2.waitKey(100) & 0xFF
if key == ord('q'):
```

Código 32: Bucle principal de `camera_5.py` para el filtrado HSV

El resultado será algo así como el de la figura 6.4.

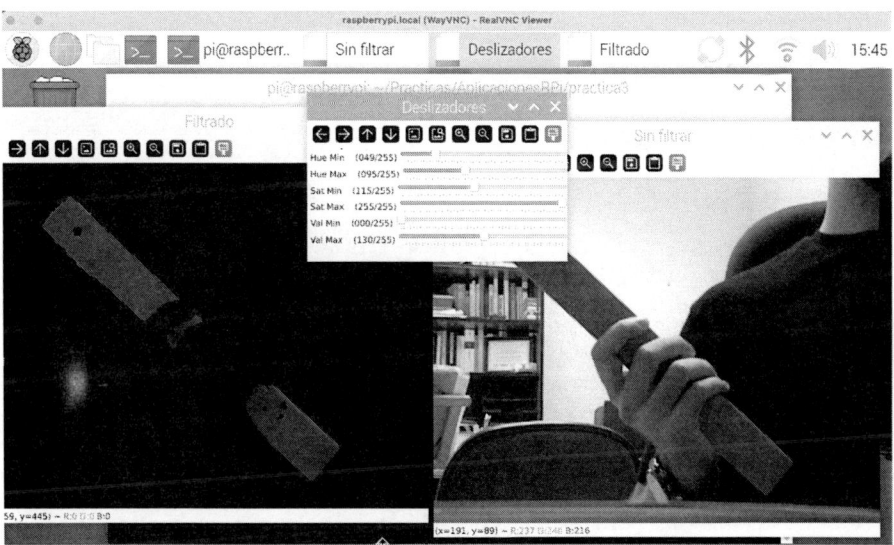

Figura 6.4: Resultado de ejecutar el *script* `camera_05.py`

Este programa puede servir para calibrar los valores HSV exactos para nuestra aplicación; por ejemplo, en una cinta transportadora dentro de una fábrica. Es importante destacar que, al cambiar las condiciones de iluminación, es necesario modificar los valores de los intervalos HSV para adaptarnos y no perder precisión.

6.3.4 Combinación de imágenes por canal alfa

Podemos combinar dos imágenes mediante una suma ponderada utilizando un factor α. La operación consistirá en combinar dos imágenes mediante un valor de mezclado tal que la imagen resultante sea:

$$Y = IM_1 \times \alpha + IM_2 \times (1 - \alpha)$$

Para ilustrar esta operación, implementaremos un ejemplo que capture secuencialmente dos imágenes y las mezcle según un parámetro de entrada leído por teclado. Tras la inicialización de la cámara (como en ejemplos anteriores), esperaremos a que se pulse una tecla con la función cv2.waitKey(1)[6]. La variable key devuelve el valor entero ASCII. Para compararlo, hay que evaluar con ord() las letras que esperamos por teclado:

```python
print("Saca la primera foto pulsando a")
# capturamos los frames
while True:

    image = picam2.capture_array()

    cv2.imshow("Frame", image)
    key = cv2.waitKey(1) & 0xFF

    if key == ord("a"): # tomamos la primera foto
        imagen1=image
        cv2.imshow("A",imagen1)
        time.sleep(3)
        print("Saca la segunda foto pulsando b")

    if key == ord("b"): # tomamos la segunda foto
        imagen2=image
        cv2.imshow("B",imagen2)
        time.sleep(3)
        print("Para mezclarlas, pulsa m")
```

Código 33: Lectura de 'a' y 'b' por teclado – camera_6.py

Cuando tengamos las dos imágenes, podemos mezclarlas pulsando 'm'. Mediante la función input() podemos pedir una entrada por teclado. Ese valor debe interpretarse como flotante y dividirse entre 100 para obtener el porcentaje de mezcla. Usando

---

[6] La función cv2.waitKey(t) detendrá el programa *t* milisengundos y refrescará las ventanas del contexto de OpenCV.

la función `cv2.addWeighted`, podemos indicar una suma ponderada. La primera imagen se multiplicará por α y la segunda imagen por $\beta = 1 - \alpha$:

```
if key == ord("m"): # mezclamos las fotos
    try:
            alfa = input("Introduzca porcentaje de mezcla
            ↪ (0.0 - 100.0%):\n")
            alfa_f = float(alfa)/100.0
            beta = 1.0 - alfa_f
            dst = cv2.addWeighted(imagen1, alfa_f, imagen2,
            ↪ beta, 0)
            cv2.imshow("BLEND", dst)
            print("Mezcla al %s" %alfa)
```

Código 34: Mezcla de dos imágenes con pesos incluido en `camera_6.py`

El resultado será parecido al de la figura 6.5.

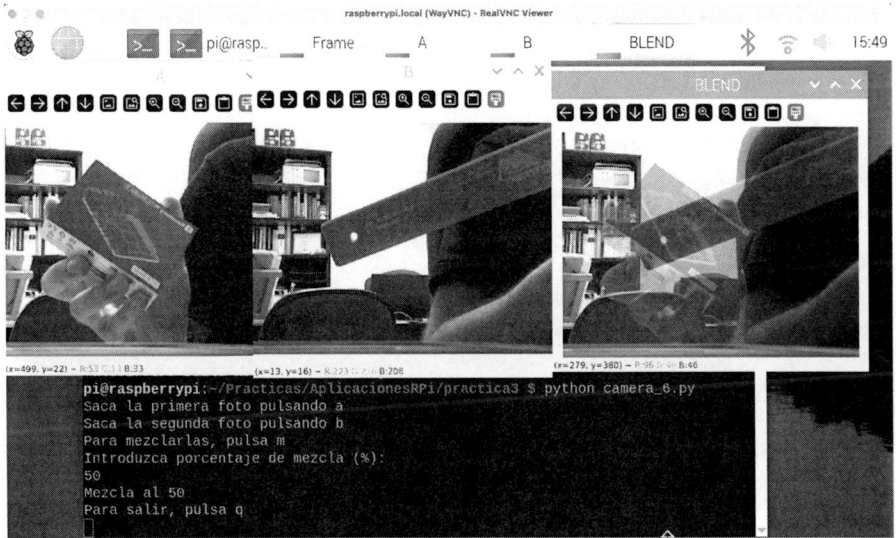

Figura 6.5: Resultado de ejecutar el *script* `camera_06.py`.

6.3.5 Detector de movimiento

La detección de movimiento es una de las características más frecuentes en las aplicaciones de vigilancia por visión artificial. La detección de movimiento en visión consiste en medir los cambios en la imagen y determinar si este movimiento responde a un intruso o a un elemento ambiental. En términos generales, para detectar movimientos en una imagen, la forma más inmediata consiste en calcular la diferencia absoluta entre la imagen C en el instante actual t y en el instante anterior $t-1$:

$$V(t) \approx |C(t) - C(t-1)|$$

De esta forma, en las regiones donde ha habido un cambio significativo de movimiento, debido a la entrada en la imagen de algo inesperado, el valor de $V(t)$ será grande. En las zonas del fondo, donde no ha cambiado nada, tendremos que la velocidad es muy pequeña $V(t) \approx 0$.

En el siguiente ejemplo, ilustraremos esta técnica con un código que implementa un detector de movimiento. El código comienza con la configuración usual de la cámara. También definiremos ciertos parámetros, como el umbral para la detección de movimiento o la ventana temporal para calcular la diferencia (N):

```
# Creamos una ventana de OpenCV llamada "Camera"
cv2.namedWindow("Raw")
cv2.namedWindow("Motion Mask")
last_frame = None
frames = []
t = 0
N = 3
THRESH = 50
```

Código 35: Parámetros de la detección de movimiento – camera_7.py

En el bucle principal, se pasa la imagen a blanco y negro con cvtColor para calcular la diferencia entre instantes. Iremos almacenando las imágenes en blanco y negro en la lista frames mediante el método append.

Imagen original binarizada   Imagen original filtrada

Figura 6.6: Efecto de un filtro de mediana con un radio de 27 píxeles

```
while True:
    # Capturamos una imagen (Teóricamente a 24fps)
    im_array = picam2.capture_array()
    im_array_byn = cv2.cvtColor(im_array, cv2.COLOR_BGR2GRAY)
    frames.append(im_array_byn.copy())
```

Código 36: Pasamos a blanco y negro y guardamos la imagen en la lista –
camera_7.py

Cuando tengamos suficientes imágenes (N imágenes), calcularemos la diferencia de la primera imagen del buffer $C(N-1)$ y la última $C(0)$. A esa diferencia absoluta le aplicaremos un filtro de mediana con *medianBlur* para reducir el ruido visual causado por la iluminación y el sensor:

```
if len(frames) == N:
    # V(t) = || I(t-N) - I(t) ||
    diff = cv2.absdiff(frames[N-1], frames[0])
    diff = cv2.medianBlur(diff, 5) # Aplicamos un filtro de
    ↪ mediana 5
```

Código 37: Cálculo de la diferencia y filtrado de mediana (camera_7.py)

Con la imagen ya filtrada, calcularemos una máscara por umbral. Con la función threshold y el método cv2.THRESH_BINARY, obtendremos una imagen binaria en el que los píxeles por debajo de THRESH son 0 y 255 en el caso contrario:

```
# Tomamos la máscara de movimiento con un umbral
threshold_method = cv2.THRESH_BINARY
ret, motion_mask = cv2.threshold(diff, THRESH, 255,
↪  threshold_method)
#Display the Motion Mask
cv2.imshow('Motion Mask', motion_mask)
```

Código 38: Aplicamos el umbral a la imagen filtrada – camera_7.py

Finalmente, eliminamos la imagen más antigua de la lista para evitar que la memoria se llene si ejecutamos el código mucho tiempo (solo necesitamos las últimas *N* capturas). Para mostrar el resultado, usamos la función *boundingRect* para encontrar el rectángulo que engloba todos los píxeles distintos de 0 (*bounding box*) y lo mostramos en la imagen en color. El resultado será algo así como el de la figura 6.7.

```
# Eliminamos el frame más antiguo
frames.pop(0)
# Calculamos el bounding box de la máscara de
↪  movimiento
x, y, w, h = cv2.boundingRect(motion_mask)
# Dibujamos el bounding box en la imagen original
cv2.rectangle(im_array, (x, y), (x+w, y+h), (0, 255, 0),
↪  4)
cv2.putText(im_array,
            "Movimiento detectado!",
            (x, y-10),
            cv2.FONT_HERSHEY_SIMPLEX, 0.9, (0, 255, 0),
            ↪  2)
# Mostramos la imagen en una ventana de OpenCV llamada
↪  "Camera"
cv2.imshow("Raw", im_array)

# Esperamos 1ms para que la ventana de OpenCV no se cierre
key = cv2.waitKey(1) & 0xFF
```

```
    if key == ord('q'):
        break


# Liberamos la cámara y cerramos la ventana
picam2.stop()
cv2.destroyAllWindows()
```

Código 39: Dibujado del *bounding box* de los píxeles con movimiento – camera_7.py.

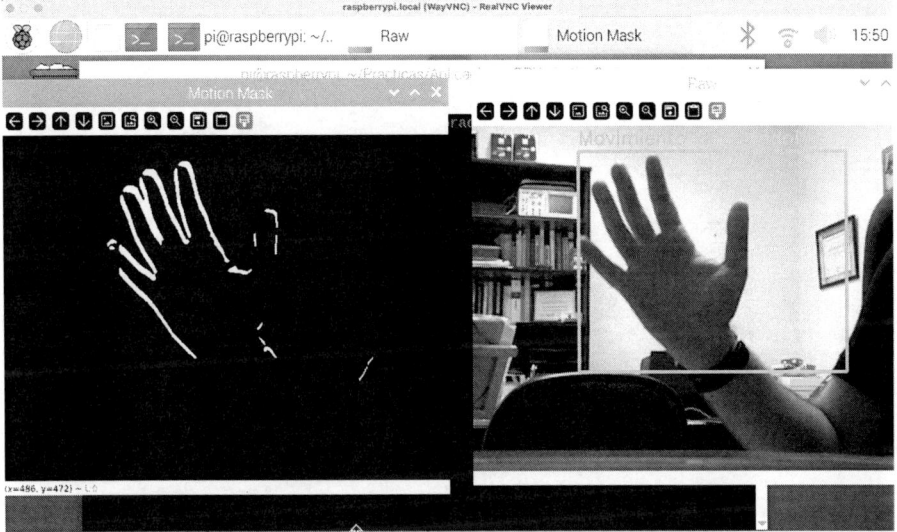

Figura 6.7: Resultado de ejecutar el *script* camera_07.py

6.4   Detección de caras con filtros Haar

Un clasificador en cascada con filtros de Haar es una técnica utilizada en visión por ordenador para detectar objetos, como rostros, de manera eficiente. Fue popularizado por el algoritmo de Viola-Jones[7] para la detección de rostros y se utiliza una secuencia de clasificadores (o etapas) que permiten filtrar progresivamente las regiones no relevantes de la imagen, dejando solo aquellas que contienen el objeto buscado. El clasificador se entrena utilizando un gran conjunto de imágenes de ejemplo, que contienen tanto ejemplos positivos (por ejemplo, imágenes de rostros) como ejemplos negativos (por ejemplo, imágenes que no contienen rostros). Durante el entrenamiento se utilizan las características de Haar (filtrando diferencias de intensidad entre áreas claras y oscuras) para representar la imagen (véase figura 6.8). El algoritmo selecciona las características que mejor distinguen entre las imágenes que contienen el objeto (por ejemplo, rostros) y las que no.

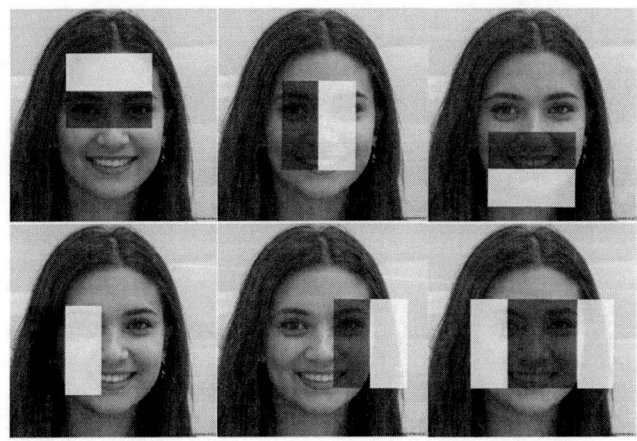

Figura 6.8: Ejemplo de aplicación de diferentes filtros Haar en una cara

El clasificador en cascada funciona aplicando una serie de clasificadores organizados en etapas. Cada etapa filtra las regiones de la imagen que no contienen el objeto de interés, descartándolas rápidamente. Solo las regiones que pasan una etapa son evaluadas en la siguiente, donde se aplican filtros más complejos. Este proceso en cascada permite realizar detecciones rápidas y en tiempo real, eliminando rápidamente muchas regiones irrelevantes y enfocando el análisis solo en las áreas más probables.

OpenCV permite aplicar un clasificador en cascada con un árbol de filtros Haar preentrenados para detectar caras con la función cv2.CascadeClassifier. En el

---

[7] https://en.wikipedia.org/wiki/Viola-Jones_object_detection_framework

siguiente ejemplo, veremos cómo se pueden detectar caras frontales en vivo con la cámara. Primero, inicializaremos la cámara para tomar imágenes de forma continua:

```python
# Uso de HAAR cascades para detección de rostros
# Uso de la cámara

import cv2
import numpy as np
from picamera2 import Picamera2
import libcamera


# Creamos el thread the la ventana de OpenCV
cv2.startWindowThread()
# Creamos el objeto de la RaspiCam
picam2 = Picamera2()
# Modificamos el framrate (fps)
picam2.video_configuration.controls.FrameRate = 25.0
# Configuramos la resolución y formato de la cámara
config = {"format": 'RGB888', "size": (640, 480)}
picam2.configure(
    picam2.create_preview_configuration(
        main=config,
        transform=libcamera.Transform(vflip=True)))
# Iniciamos la vista previa de la cámara
picam2.start()
```

Código 40: Inicialización de la cámara – `camera_8.py`

A continuación, se inicializará el clasificador de rostros frontales y, en el bucle principal, usaremos la función `detectMultiscale`. La función recibirá la imagen en blanco y negro, un factor de escala y un umbral. El factor de escala disminuye el tamaño de la imagen para que su tamaño sea más parecido a las imágenes de entrenamiento. Este umbral especifica cuántos vecinos debe tener cada rectángulo Haar para retenerlo. Afectará a la calidad de las caras detectadas. Un valor más alto resulta en menos detecciones pero con mayor calidad. Entre 3 y 6 es un buen valor:

```python
# Cargamos el clasificador de Haar
frontal_cascade = cv2.CascadeClassifier(
    ↪ 'haar_filters/haarcascade_frontalface_default.xml')

while True:
    # Capturamos un frame
```

```
frame = picam2.capture_array()
# Convertimos a escala de grises
gray = cv2.cvtColor(frame, cv2.COLOR_BGR2GRAY)
# Detectamos rostros
caras_frontales = frontal_cascade.detectMultiScale(gray,
↪  1.3, 5)
# Dibujamos un rectángulo alrededor de los rostros
for (x,y,w,h) in caras_frontales:
    cv2.rectangle(frame, (x,y), (x+w,y+h), (255,0,0), 2)


# Mostramos el frame
cv2.imshow('frame', frame)
# Salimos con 'q'
if cv2.waitKey(1) & 0xFF == ord('q'):
    break


# Liberamos la cámara y cerramos la ventana
picam2.stop()
cv2.destroyAllWindows()
```

Código 41: Detección de caras con filtros Haar – `camera_8.pi`

Vemos que el resultado `caras_frontales` de la clasificación es una tupla de tuplas, donde cada valor se corresponde ordenadamente con la posición x,y de la esquina superior izquierda de la cara y el ancho-alto de la misma (`x,y,w,h`).

Aunque este clasificador es eficiente, los clasificadores en cascada con características de Haar no son tan precisos como las técnicas modernas basadas en redes neuronales profundas (por ejemplo, las redes neuronales convolucionales o CNN, que se explicarán en el capítulo 10 y 11). No obstante, estas técnicas suelen requerir de más fuerza computacional y son más lentas.

6.5   Ejercicios propuestos

Pregunta 6.1 Implementa un programa de calibración para el filtrado por colores
que, en lugar de usar deslizadores para escoger el umbral HSV, use el ratón. Al
hacer clic en la imagen, se leerá el valor HSV de ese punto. Se filtrará con un
margen de 10 puntos por encima y por debajo del escogido. (Nota: recuerda
que en la función de *callback* solo se debe copiar el clic, para evitar detener el
programa principal demasiado).

Pregunta 6.2 Utiliza el ejemplo del detector de movimiento para encender un
led de aviso si se detecta movimiento durante más de 3 segundos seguidos.

Pregunta 6.3 Modifica el ejemplo anterior para la detección de movimiento de
modo que solo se haga sobre una imagen pre-filtrada por colores, como en la
sección 6.3.3. Determina los umbrales HSV con el programa de calibración y
déjalos fijos para esta nueva aplicación.

Pregunta 6.4 Aplica un filtro de mediana a la máscara `mask` del filtro por
colores para que funcione mejor. Calcula el centroide de los objetos detectados y
muéstralo por pantalla.

Pregunta 6.5 Implementa una función que comience a grabar con la cámara 10
segundos después de haber detectado movimiento. Nombra el archivo de vídeo
con la fecha y hora actual (puedes usar la función `datetime.datetime.now()`
del módulo `datetime`).

Desarrollo de aplicaciones IoT

7. Protocolos IoT: MQTT y HTTP

El objetivo de este capítulo es introducir los protocolos HTTP y MQTT específicos para IoT y la implementación de soluciones para la transmisión de datos a través de internet. Primero, se explicará cómo construir una red distribuida de nodos que se comunican entre sí de forma asíncrona con MQTT. A continuación, se explicará la filosofía de diseño de una API REST y su implementación mediante Flask. Por último, se explicará cómo implementar una interfaz gráfica con TKinter a modo de *frontend* de aplicación.

Para realizar las actividades de este capítulo, se necesitará:

- Raspberry Pi 4 con el SO proporcionado con el libro.
- SenseHat.

Todos los códigos de este capítulo están disponibles en el repositorio `https://bender.us.es/etsi/AplicacionesRPi`, dentro de la carpeta Práctica 5.

7.1 Protocolos de transporte de datos

El internet de las cosas (IoT, por sus siglas en inglés) es una tecnología que conecta dispositivos físicos, como sensores, electrodomésticos y vehículos, a internet, permitiendo que estos intercambien datos y tomen decisiones inteligentes sin intervención humana directa. Esta red de dispositivos conectados transforma sectores como la salud, el transporte y la agricultura, mejorando la eficiencia y creando nuevas oportunidades para la automatización.

Dos protocolos clave para la comunicación en IoT son MQTT y HTTP.

MQTT (Message Queuing Telemetry Transport) es un protocolo ligero y eficiente, diseñado para comunicaciones de baja latencia y ancho de banda limitado. Es ideal para dispositivos con recursos restringidos y redes inestables. MQTT sigue un modelo de publicación-suscripción, donde los dispositivos "publican" datos en un servidor central (llamado *broker*), y otros dispositivos pueden "suscribirse" a estos datos para recibir actualizaciones en tiempo real.

HTTP (HyperText Transfer Protocol) es el protocolo base de la web y también se utiliza en aplicaciones IoT. Aunque es más pesado que MQTT debido a su enfoque en las solicitudes-respuestas y su sobrecarga de datos, HTTP sigue siendo popular por su simplicidad, ubicuidad y compatibilidad con servicios web. Es común que se utilice para implementar sistemas de comunicación basados en la arquitectura cliente-servidor o *webservice*.

7.2   Transmisión de datos usando MQTT

El protocolo MQTT[1] implementa un método de comunicación asíncrono de mensajes ligeros basados en temas o *topics*. Los topics son las distintas líneas de comunicación en las que algún nodo del sistema está publicando alguna información. Cualquier nodo (también llamado cliente) dentro de una red MQTT puede publicar en un *topic* y cualquier nodo puede suscribirse a ese *topic* para leer los valores que se publican. El único requisito de la red es que exista un *broker*, o nodo central. Este nodo hace de servidor para gestionar las conexiones y comunicaciones entre nodos. Toda la información publicada pasa por este nodo. El *broker* gestiona las suscripciones y reenvía la información a los suscriptores registrados (véase figura 7.1).

El *broker* podrá estar alojado en cualquier sitio con acceso a los nodos: puede estar en una RPi dentro de una red local (sin acceso a internet) o en un servidor remoto. El único requisito es que esté accesible a los nodos. Para este capítulo, usaremos un servidor público en abierto: `broker.hivemq.com`. Este servidor es gratuito y sirve para realizar pruebas con MQTT. No se recomienda su uso para aplicaciones reales porque las comunicaciones no son cifradas y nuestros datos están expuestos a cualquiera que desee suscribirse. No obstante, nos servirá para aprender los principios básicos de MQTT.

---

[1] `https://mqtt.org/`

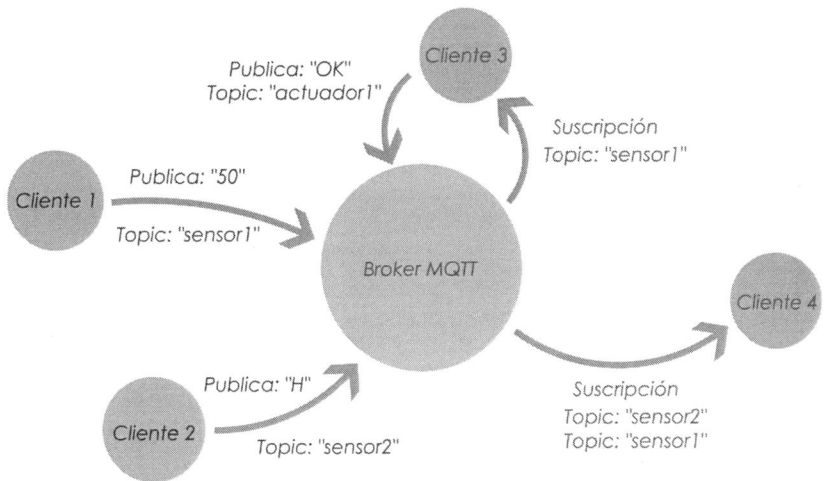

Figura 7.1: Ejemplo de una red MQTT con publicadores y suscriptores

7.2.1 Publicador con PAHO-MQTT

En este primer ejemplo, usaremos la librería paho-mqtt de Python para crear un publicador (un sensor de temperatura) y un suscriptor dentro de la misma Raspberry Pi. Para instalar la librería, si no está instalada, haremos:

```
pip install paho-mqtt
```

Ahora, conectaremos el SenseHat **con la RPi desconectada de la corriente**, que servirá como sensor. El primer nodo que crearemos será, por tanto, el publicador. Primero hemos de establecer los datos de la conexión (el *broker*, el puerto, el *topic* y el nombre del cliente):

```python
import time
from paho.mqtt import client
import random
import sense_hat

# Configuración del cliente MQTT
broker = "broker.hivemq.com"
port = 1883
topic = "/etsi/practicas/valor0"
```

Código 42: Datos del publicador – `comunicaciones_iot_01.py`

Vemos que el *topic* en MQTT puede ser cualquier cadena de caracteres. Como norma, se usa el caracter '/' para jerarquizar la red de nodos; por ejemplo, se pueden clasificar los nodos por habitaciones de una casa:

```
topic1 = "/casa/cocina/luz1/valor"
topic2 = "/casa/cocina/luz2/valor"
topic3 = "/casa/cocina/luz2/color"
topic4 = "/casa/habitacion/persianas/altura"
...
```

La suscripción puede ser a un *topic* o a varios. A continuación, crearemos el cliente MQTT con `mqtt.Client(client_id)` y nos conectaremos al *broker*. Antes de poder publicar nada, debemos iniciar en segundo plano la comunicación con el *broker* con la función `client.loop_start()`:

```
cliente_mqtt = client.Client(client_id)
# Conectar al broker
cliente_mqtt.connect(broker, port, 60)
# Iniciar el loop en segundo plano
cliente_mqtt.loop_start()
```

Código 43: Iniciamos la conexión con el *broker* – `comunicaciones_iot_01.py`

A continuación, ya podemos instanciar el SenseHat, tomar la temperatura ambiente y enviar cada segundo un dato mediante la función `client.publish(topic, mensaje)`:

```
#Creamos el objeto SenseHat
sense = sense_hat.SenseHat()
try:
    while True:
        # Publicar mensaje al topic
        mensaje = sense.get_temperature()
        cliente_mqtt.publish(topic, mensaje)
        print(f"Mensaje enviado: {mensaje}")
        time.sleep(1)
except KeyboardInterrupt:
    print("Desconectando del broker MQTT...")
    cliente_mqtt.loop_stop()
    cliente_mqtt.disconnect()
```

Código 44: Bucle principal de envío de datos – `comunicaciones_iot_01.py`

7.2.2   Suscriptor con PAHO-MQTT

Ahora que ya tenemos un nodo publicador, necesitamos un suscriptor que se suscriba al *topic* en el que se está publicando la temperatura. Para ello, primero debemos conectarnos al *broker* como antes (véase Código 42). Una vez conectados, definiremos una función de callback para manejar la recepción de un mensaje por cualquier *topic* al que nos suscribiremos:

```
def on_message(client, userdata, message):
    print(f"Received message: {message.payload.decode()} on
    ↪  topic {message.topic}")
```

Código 45: *Callback* de recepción de mensajes – `comunicaciones_iot_02.py`

El programa saltará de forma asíncrona a esta función cuando cualquier *topic* suscrito recibe un nuevo mensaje. Dentro de la función tendremos acceso al cliente que envió el mensaje `userdata`, y al mensaje. Dentro del objeto `message` podemos acceder al *topic* y al *payload*. Como solo tenemos una función para manejar todos los *topics*, debemos determinar por qué *topic* hemos recibido información y actuar en consecuencia.

Una vez definido el callback de recepción, podemos crear el cliente MQTT y asociar esa función como la función de recepción:

```
# Crear instancia del cliente MQTT
cliente_mqtt = client.Client()
# Conectar al broker
cliente_mqtt.connect(broker_address, port, 60)
# Asociamos la función de callback al evento on_message
cliente_mqtt.on_message = on_message
```

Código 46: Asociación del *callbak* `on_message` – `comunicaciones_iot_02.py`

Por último, nos debemos suscribir al mismo *topic* que hemos impuesto en el publicador. Para terminar, llamaremos a la función `client.loop_forever()` para esperar infinitamente mientras se ejecuta la función `on_message` de forma asíncrona. Si quisiéramos seguir ejecutando otras rutinas, podemos usar `client.loop_start()`, que hace lo mismo, pero no bloquea el programa. Si ejecutamos ambos programas simultáneamente, podemos ver cómo la información de un nodo se recibe por el otro en (véase figura 7.2).

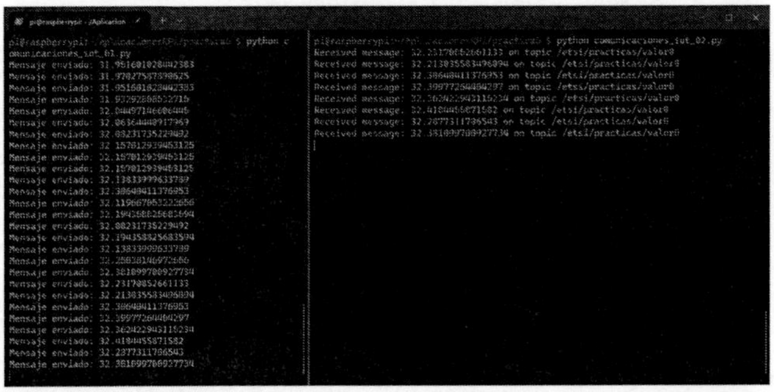

Figura 7.2: Resultado de ejecutar los *scripts* `comunicaciones_iot_01.py` y `comunicaciones_iot_02.py`

```
# Nos suscribimos al topic
topic = "/etsi/practicas/valor0"
cliente_mqtt.subscribe(topic)
# Iniciamos el loop del cliente MQTT
cliente_mqtt.loop_forever()
```

Código 47: Suscripción al *topic* y *loop* – `comunicaciones_iot_02.py`

7.3   Servidor HTTP con API REST

Una API (Application Programming Interface) es un conjunto de reglas que permiten a las aplicaciones comunicarse entre sí. Dicho de otro modo, es una forma de poder acceder a determinados datos o funcionalidades de empresas o aplicaciones sin necesidad de conocer íntegramente el contenido de los mismos o la funcionalidad completa de ellas; es decir, se trata de una forma de poder utilizar un determinado recurso para el cual se nos da acceso, de una manera sencilla. Las API actúan como intermediarios, o interfaces, entre aplicaciones.

Un servidor HTTP REST para IoT es una plataforma que permite que los dispositivos conectados en una red de internet de las Cosas (IoT) puedan intercambiar información con un servidor central mediante el uso del protocolo HTTP. La arquitectura REST (Representational State Transfer) organiza las interacciones de los dispositivos en torno a recursos que son identificados por URL. De igual modo, a este tipo de API (API REST) también se los puede denotar como API RESTFUL, aunque no se puede usar indistintamente el término REST y RESTFUL. RESTFUL será toda aquella API que satisface los criterios REST. De hecho, en este punto aparece otro nuevo término, RESTless, que se refiere a aquellas API que no satis-

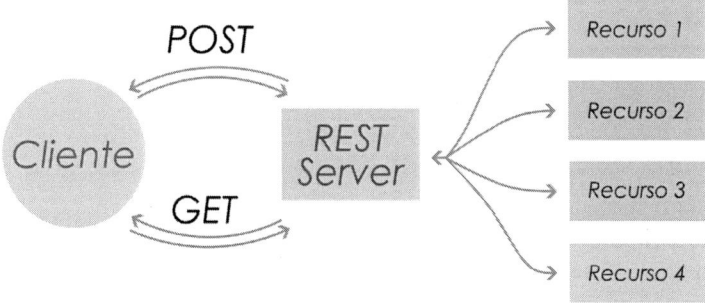

Figura 7.3: Ejemplo de comunicación cliente-servidor REST

facen completamente los criterios de REST. Los dispositivos IoT que implementan una API REST envían y reciben datos mediante solicitudes HTTP, como GET para obtener datos o POST para enviar información. El servidor REST gestiona estas peticiones de manera eficiente y escalable, permitiendo una comunicación simple y organizada entre diferentes dispositivos. Este tipo de servidor facilita la interacción entre sensores, actuadores y otras entidades en una red IoT, habilitando el envío de datos en tiempo real o la recepción de comandos para controlar dispositivos.

Una API que cumple completamente con los criterios REST tiene las siguientes características:

- Hacer uso de una arquitectura cliente-servidor.
- Cada solicitud del cliente al servidor se trata de forma independiente; es decir, el servidor no retiene información del cliente, entre solicitudes.
- Orientación a recursos: cualquier tipo de objeto, dato o servicio al que puede acceder un cliente se lo considera recurso.
- Hacer uso de URI (Uniform Resource Identifier) como identificador único de recursos. Las URIs de los recursos deben basarse en un nombre y no en un verbo, así como se deben construir de forma jerárquica.
- Hacer uso de los verbos HTTP (GET, POST, PUT, DELETE) para realizar operaciones sobre los recursos:
  - GET: recupera una representación del recurso a través de la URI que lo identifica.
  - POST: crea un nuevo recurso en la URI especificada. El cuerpo del mensaje de la solicitud contiene, y proporciona, los detalles del recurso.
  - PUT: crea un nuevo recurso o sustituye a uno ya existente en la URI especificada. El cuerpo del mensaje de la solicitud contiene, y proporciona, los detalles del recurso.
  - DELETE: quita el recurso identificado con la URI especificada.

Como ejemplo, supongamos que queremos desarrollar una API para gestionar los libros de una librería. En este caso, el recurso serían los libros. Véase la nomenclatura que se ha escogido para alguno de los métodos de esta API:

- *GET http://IP/libros*: empleando GET como verbo HTTP para realizar la petición, el resultado sería un listado de todos los libros que haya registrados en la librería.
- *POST http://IP/libros*: usando la misma URI pero el verbo POST de HTTP, el resultado será crear un nuevo libro en la librería, utilizando como datos aquellos que se proporcionan como parte de la petición.
- *DELETE http://IP/libros*: en este caso, se realizará la eliminación de todos los libros de la librería.
- *GET http://IP/libros/1*: al incluir el identificador, el cliente le estará solicitando al servidor que devuelva los detalles del recurso cuyo identificador es 1.
- *PUT http://IP/libros/1*: se estaría actualizando los detalles del libro identificado con el id 1. Los valores de la actualización se proporcionan como parte de la petición realizada.

Esto son solo algunos ejemplos de métodos que podría incluir la API, y que han servido para ilustrar ejemplos de nomenclatura asociados a cada uno de ellos.

7.3.1 Servidor REST con Flask

Flask[2] es un *framework* ligero de Python que se utiliza para crear aplicaciones web, incluidas las que implementan servidores REST. Es muy popular en el desarrollo de API debido a su simplicidad y flexibilidad. Flask permite que los desarrolladores configuren rápidamente un servidor HTTP que pueda recibir solicitudes de dispositivos IoT y responder a ellas. Aunque es minimalista, Flask es muy extensible, permitiendo agregar funcionalidades según las necesidades del proyecto. En el contexto de IoT, Flask es útil para construir servidores que gestionen los datos que envían los dispositivos y para ejecutar las acciones necesarias en función de las solicitudes recibidas.

Para instalar Flask en la RPi:

```
pip install Flask
```

Para ilustrar cómo funciona Flask, comenzaremos implementando un primer *endpoint* de prueba. Será el tradicional "Hola mundo", necesario de implementar cada vez que se aprende un lenguaje de programación. En este caso va a ser aplicado al paradigma de desarrollo de API. El objetivo será generar una respuesta, por parte del

---

[2]\protect\leavevmode@ifvmode\kern+.2777em\relaxhttps://flask. palletsprojects.com

servidor, ante una petición del cliente. Crearemos una función que cual devolverá un simple "Hola mundo" al acceder mediante GET a una determinada URL.

La programación de una aplicación de Flask en Python es ligeramente distinta a la programación de rutinas normales. Flask es un *framework asíncrono*, porque las solicitudes HTTP ocurrirán de forma asíncrona; es decir, en cualquier momento y sin sincronía. De este modo, deberemos crear una función asíncrona de tipo app.route para cada dirección URL. En un servidor tipo REST, cada URL se corresponde con una fuente de información, de forma muy similar a los *topics* en MQTT; por ejemplo, si queremos implementar una ruta para que los clientes consulten el valor de un sensor, la URL podría definirse como:

```
http://ip_servidor:puerto/sensor
```

Una solicitud correcta de tipo GET sobre esa URL debería devolver una respuesta HTTP con número 200 (OK) y un *payload* con el valor del sensor.

Para implementar un servidor que devuelva "Hola mundo" al hacer GET sobre la ruta raíz '/', tendremos el siguiente código:

```
from flask import Flask

# Inicializamos la clase Flask
# app representa al servidor.
app = Flask(__name__)

@app.route('/', methods=['GET'])
def hola_mundo():
return "Hola Mundo"

if __name__ == "__main__":
# Inicializamos el servidor
app.run(debug=True, port=5002)
```

Código 48: *Script* para un servidor "Hola mundo".

A través del decorador de Python @app.route estamos asociando la función hola_mundo a la URL '/'. El resultado de realizar la petición, a través de la URL que se muestra en la figura 7.4: *http://127.0.0.1:5002/*.

7.3.2   Respuesta en formato JSON

Uno de los objetivos de los *endpoints* de un servidor es obtener una representación de un recurso, normalmente en formato JSON. A través de este sencillo ejemplo

Hola Mundo

Figura 7.4: Respuesta *Hola mundo*

se va a mostrar una respuesta en formato JSON. Jsonify es el método empleado para generar la respuesta en formato JSON; este está incluido dentro del módulo Flask. A continuación, se muestra un fragmento de código en el que se genera una respuesta en dicho formato, a la vez que la respuesta obtenida por el cliente.

```
from flask import Flask, jsonify
# Inicializamos la clase Flask - app representa al servidor.
app = Flask(__name__)

@app.route('/json', methods=['GET'])
def ej_json():
        return jsonify(id=1, nombre="pepe", email="pepe@us.es")

if __name__ == "__main__":
        app.run(debug=True, port=5002) # Inicia el servidor
```

Código 49: *Endpoint* que devuelve un dato en formato JSON

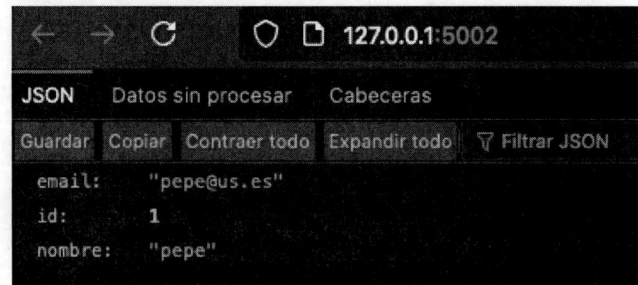

Figura 7.5: Respuesta en formato JSON

En cuanto a lo que visualizaría el cliente cuando hace una llamada al *endpoint* (http://127.0.0.1:5002/json), se puede ver en la figura 7.5.

7.3.3   Paso de parámetros

Es posible, y muy útil, hacerle llegar al servidor un parámetro a través de la petición que el cliente le hace a este. En el siguiente código puede verse un ejemplo de cómo realizarlo, mientras que en la figura 7.6 puede observarse el resultado de dicha petición. En este ejemplo de ejecución se le ha pasado como parámetro el "123", pero podría haberse pasado cualquier otro. En este ejemplo, se ha decidido devolver al cliente la información en formato JSON.

```python
from flask import Flask, jsonify

# Inicializamos la clase Flask
# app representa al servidor.
app = Flask(__name__)

@app.route('/parametros/<param>', methods=['GET'])
def ej_parametros(param):
return jsonify(id=1, parametro=param)

if __name__ == "__main__":
        # Inicializamos el servidor
        app.run(debug=True, port=5002)
```

Código 50: *Endpoint* que acepta argumentos

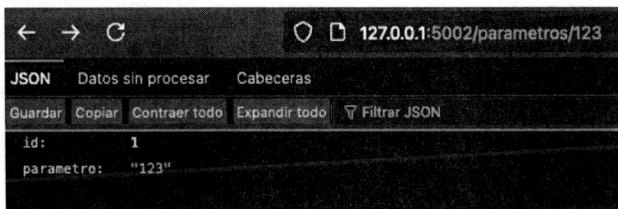

Figura 7.6: Respuesta del *endpoint* tipo GET con argumentos

7.3.4   Servidor REST para un sensor y un actuador

En este ejemplo, se implementarán dos *endpoints* para la escritura de un valor en un actuador (mediante el verbo POST) y la lectura de un sensor genérico (mediante el verbo GET). La lectura de un sensor se implementará de forma simple de la siguiente manera:

```
from flask import Flask, jsonify, request
import random


app = Flask(__name__)


valor_actuador = 0


@app.route('/sensor', methods=['GET'])
def get_sensor():
    global valor_actuador
    # Obtener el valor del sensor (aleatorio)
    random_value = random.randint(1, 100)
    # Devolver el valor del sensor y el valor del actuador
    return jsonify({'valor_sensor': random_value,
                    'valor_actuador': valor_actuador})
```

Código 51: Creamos la ruta */sensor* con método GET - comunicaciones_iot_03.py

En primer lugar, vemos que cualquier variable externa compartida entre funciones debe ser marcada como global. La variable valor_actuador cambia su valor *fuera* de la función get_sensor por lo que debemos indicar al intérprete, que esa variable dentro de la función está definida fuera. Recordamos que el decorador app.route, definido dentro del módulo de Flask, permite indicar que esa función hace de *callback* de la ruta */sensor* cuando se accede a ella mediante una solicitud HTTP de tipo GET:

```
@app.route('/sensor', methods=['GET'])
```

Código 52: Decorador de */sensor* con método GET – comunicaciones_iot_03.py

Por último, nos fijamos en que el método GET devuelve un diccionario de Python con la respuesta a la solicitud. Este diccionario se convertirá a formato JSON (con la función jsonify). El formato JSON[3] es un formato estructurado muy utilizado para transmitir datos y el estándar en los servidores REST.

Ahora, podemos definir una ruta /actuador de tipo POST para que un cliente pueda cambiar un parámetro dentro del servidor. El método POST siempre viene

---

[3] https://www.json.org

acompañado de un *payload*, usualmente en formato JSON. Para implementar esta función, haremos lo siguiente:

```python
@app.route('/actuador', methods=['POST'])
def update_actuador():
    global valor_actuador
    # Actualizar el valor del actuador
    valor_actuador = request.json['valor_actuador']
    print(f"Nuevo valor recibido: {valor_actuador}")

    return jsonify({'valor_actuador': valor_actuador})
```

Código 53: Decorador de */actuador* con POST – `comunicaciones_iot_03.py`

Nos debemos fijar en que podemos acceder a la solicitud POST recibida a través del objeto `request`. Este objeto no aparece explícitamente definido porque es un objeto heredado del decorador. Si el *payload* recibido es de tipo JSON, podemos acceder a sus campos como en un diccionario de Python y actualizar el valor de la variable:

```python
valor_actuador = request.json['valor_actuador']
```

Las solicitudes POST también pueden devolver un *payload* para comprobar que la variable se ha cambiado o para transmitir información asociada. Finalmente, debemos ejecutar la aplicación. Si la ejecutamos en modo *debug*, podremos hacer cambios en vivo en el código mientras se ejecuta. Además, debemos especificar el puerto:

```python
if __name__ == '__main__':
    app.run(debug=True, port=5050)
```

Código 54: Ejecutamos la *app* de Flask – `comunicaciones_iot_03.py`

7.3.5 Cliente REST con Flask

Ahora que hemos construido nuestro servidor REST, debemos crear un cliente que haga las solicitudes HTTP GET y POST. Lo primero será definir las URI de cada *webservice*:

```
import requests
import time
# URL de los servicios web
url_sensor = "http://127.0.0.1:5050/sensor"
url_actuador = "http://127.0.0.1:5050/actuador"
```

Código 55: URI de los *webservices* REST – comunicaciones_iot_04.py

Para generar las solicitudes HTTP, usaremos el módulo requests de Python. Para mandar una solicitud de tipo GET, será tan sencillo como hacer:

```
response = requests.get(URI_get)
```

Para mandar una solicitud POST, definiremos el *payload* como un diccionario:

```
response = requests.post(URI_post, json = {'dato1': 0,
↪    ...})
```

En el siguiente programa, se implementa una rutina para leer cada segundo mediante solicitudes GET el valor del sensor. Cada 5 segundos, el programa pedirá un nuevo valor de actuador por terminal:

```
t = 0
while True:
    time.sleep(1)
    # Obtener el valor del sensor
    response = requests.get(url_sensor)
    data = response.json()
    valor_sensor = data['valor_sensor']
    print(f"Valor del sensor: {valor_sensor}")
    valor_actuador = data['valor_actuador']
    print(f"Valor del actuador: {valor_actuador}")

    if t % 5 == 0:
        # Actualizar el valor del actuador
        nuevo_valor = input("Introduce el nuevo valor del
↪        actuador: ")
```

```
        response = requests.post(url_actuador,
        ↪   json={'valor_actuador': nuevo_valor})
        print(f"Valor del actuador actualizado a {nuevo_valor}")
```

Código 56: Cliente REST – `comunicaciones_iot_04.py`

Debemos ejecutar el servidor primero que el cliente, puesto que una solicitud GET o POST a un servidor que no existe producirá un error. Si ejecutamos ambos programas, podemos ver cómo los valores se van actualizando, como se muestra en la figura 7.7:

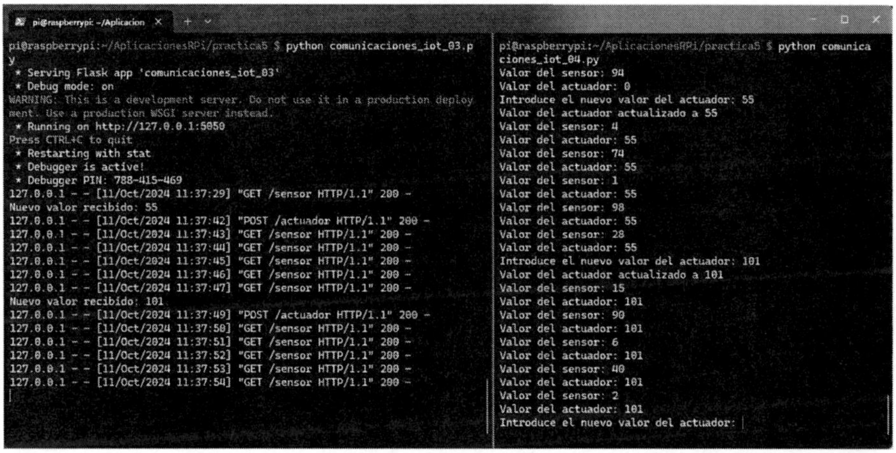

Figura 7.7: Resultado de ejecutar los *scripts* `comunicaciones_iot_03.py` y `comunicaciones_iot_04.py`.

7.3.6 Incluyendo el SenseHat

Ahora que sabemos cómo implementar un servidor REST correctamente, podemos integrar el SenseHat en nuestro bucle. Lo primero que haremos será definir una interfaz HTML para visualizar el valor del sensor de temperatura y el valor de la pantalla de ledes:

```
<!doctype html>
<meta http-equiv="refresh" content="3" />
<html lang="en">
    <head>
```

```
        <meta charset="utf-8">
        <meta name="viewport"
        content="width=device-width,
        initial-scale=1,
        shrink-to-fit=no">
        <title>Actuador</title>
    </head>
    <body>
        <div class="container">
            <h1>Valor del Sensor</h1>
            <p>      {{ sensor }}      </p>
            <h1>Valor en pantalla</h1>
            <p>      {{ caracter }}      </p>
        </div>
    </body>
</html>
```

Código 57: Página HTML – `comunicaciones_iot_05.py`

En este cuerpo HTML, definimos lo que se visualizará en el explorador al abrir la URL del servidor. En la línea 2 podemos imponer una tasa de refresco de la página de 3 segundos:

```
    <meta http-equiv="refresh" content="3" />
```

Podemos también definir campos variables que serán formateados luego con variables internas:

```
    <h1>Valor del Sensor</h1>
    <p>      {{ sensor }}      </p>
```

Una vez definida la plantilla HTML, podemos definir nuestras rutas o webservices, de forma parecida al ejemplo `comunicaciones_iot_03.py`:

```
    # Variable global
    valor_actuador = 'X'
    valor_sensor = 0
    sense = sense_hat.SenseHat()
```

```
@app.route('/actuador', methods=['POST'])
def actuador():
    global valor_actuador, valor_sensor
    valor_actuador = request.json['valor_actuador']
    # Actualizar el valor de la pantalla
    sense.show_letter(valor_actuador)
    return jsonify({'valor_actuador': valor_actuador})



@app.route('/sensor', methods=['GET'])
def sensor():
    global valor_actuador, valor_sensor
    # Obtener el valor del sensor
    valor_sensor = sense.get_temperature()
    # Devolver el valor del sensor y el valor del actuador
    return jsonify({'valor_sensor': valor_sensor,
                    'valor_actuador': valor_actuador})
```

Código 58: *Callback* de los *webservices* - `comunicaciones_iot_05.py`

Además, impondremos una respuesta HTML en la ruta base del servidor (/) para que devuelva la plantilla formateada con las variables `valor _sensor` y `valor _actuador` respectivamente:

```
@app.route('/')
def home():
    global valor_actuador, valor_sensor
    valor_sensor = sense.get_temperature()
    return render_template_string(html_template,
                    sensor=valor_sensor,
                    caracter = valor_actuador)
```

Código 59: *Callback* de la página principal - `comunicaciones_iot_05.py`

Finalmente, ejecutaremos el servidor de Flask. Esta vez, impondremos que el *host* sea *0.0.0.0*, que es una dirección IP especial que indica **todas las direcciones**. De este modo, el servidor queda accesible desde todas las direcciones posibles dentro de la misma red. Así podremos acceder desde nuestro ordenador o móvil si estamos en la misma red que la RPi. Podemos probar nuestro servidor ejecutando el *script* `comunicaciones_iot_05.py` primero y, luego, `comunicaciones_iot_04.py` para leer y enviar *requests*. Adicionalmente, podremos buscar en el explorador del ordenador o del móvil la URL del servidor para ver la *web* que hemos creado. Esta dirección IP nos la va a indicar el propio programa comunicaciones_iot_05.py al iniciarse, como se muestra en la figura 7.8.

Al ejecutar ambos programas, podremos ver en el explorador la web (véase figura 7.8) y cómo, al enviar una nueva letra por teclado, cambia en la matriz de ledes (véase figura 7.9).

Figura 7.8: Resultado de ejecutar los *scripts* comunicaciones_iot_03.py y comunicaciones_iot_05.py y buscar en el explorador la IP del servidor

Figura 7.9: Resultado de ejecutar los *scripts* comunicaciones_iot_03.py y comunicaciones_iot_05.py y enviar una nueva letra

7.4 Servidor ThingSpeak

ThingSpeak es una aplicación y API de IoT de código abierto para almacenar y recuperar datos de dispositivos IoT, utilizando el protocolo HTTP y MQTT a través de internet o mediante una red de área local. ThingSpeak permite la creación de aplicaciones de registro de sensores, aplicaciones de rastreo de ubicación y una red social de cosas o dispositivos con actualizaciones de estado. Estudiaremos cómo podemos enviar y recibir datos desde la RPi a la plataforma ThingSpeak. Para ello, en primer lugar, tenemos que registrarnos en la plataforma. El registro, que es gratuito, lo debemos hacer a través de `https://thingspeak.com/login`

Como primer paso, debemos abrir una cuenta en la plataforma. Cualquier usuario pueden utilizar ThingSpeak gratuitamente con las limitaciones de la opción de licencia gratuita, aunque solo se podrán enviar, como máximo, 3 millones de mensajes al año. Además, el uso gratuito también estará limitado a 4 canales. Para los usuarios de la opción gratuita, el límite del intervalo de actualización de mensajes está limitado a 15 segundos.

Una vez realizado el registro, estamos en disposición de crear un nuevo canal (*channel*) de comunicación, para poder enviar y recibir los datos. En la figura 7.10 se muestra la ventana que nos permite crear un nuevo canal; para ello debemos pulsar en *New Channel*.

Figura 7.10: Creación de un nuevo canal en ThingSpeak

Para crear el canal, debemos rellenar el siguiente formulario (véase figura 7.10). Con el atributo *Name* podemos dar un nombre al canal. En este caso se ha utilizado Sensor1, pero podría haberse utilizado cualquier otro nombre. En *Description*, podemos describir la aplicación de la forma que nos convenga.

Por último, los atributos *Field* (*Field 1*, *Field 2*, etc.) nos permiten crear campos de almacenamiento y visualización de datos; es decir, por cada variable que queramos utilizar, debemos asignar un *Field* distinto. En el recuadro de texto, podemos asignar el nombre que queramos al campo *Field*. Por defecto el canal tiene habilitado un solo *Field*, pero se pueden habilitar hasta 8 campos *Field*.

Existen otros campos que se pueden rellenar para dar más información sobre el canal a la plataforma, pero que no se van a utilizar en este capítulo. A la derecha de la ventana, se puede encontrar información sobre todos los campos disponibles. Para guardar el canal, debemos pulsar en *Save Channel*.

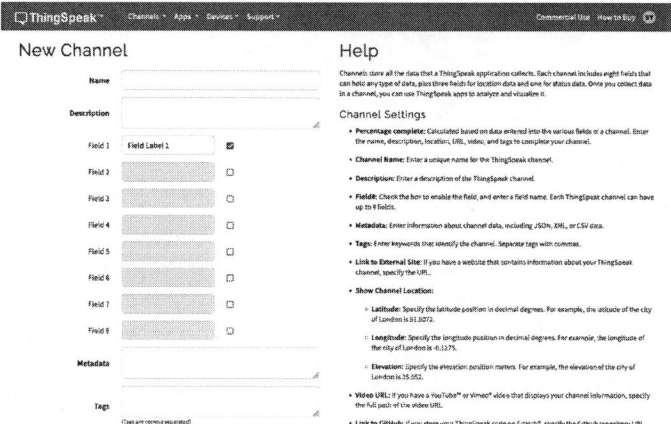

Figura 7.11: Configuración de un nuevo canal en ThingSpeak

Si en algún momento queremos eliminar los datos del canal, usaremos el botón *Clear Channel*. Hay que tener cuidado con dicha operación ya que no es reversible. Por último, si queremos eliminar el canal, debemos pulsar *Delete Channel*.

Una vez creado el canal, nos aparecerá una ventana parecida a la figura 7.12, que muestra la vista privada de nuestro canal. En ella podremos visualizar los datos que mandamos desde la RPi. En la parte superior de la ventana, tenemos distintas pestañas que utilizaremos a lo largo del capítulo. Hay que indicar que, por defecto, el canal que se ha creado es un canal privado. Así, solo el usuario puede visualizar los datos que se generan. Si el canal se hace público, cualquier usuario de la plataforma ThingSpeak podría visualizar los datos.

7.4.1   Envío y recepción de datos a través de API

Para la comunicación mediante una API, es necesario la generación y utilización de un conjunto de claves o *keys* (véase figura 7.13), la cual se utilizan para enviar los datos o tener acceso a los mismos. Por último, hay que indicar que las API se utilizan también como modelo negocio de forma que el proveedor de los servicios nos permite utilizar la API de manera gratuita con limitaciones y nos suele vender la versión completa mediante suscripción. Este modelo se utiliza en la plataforma ThingSpeak, la cual podemos utilizar de manera gratuita, pero con restricciones sobre el envío de datos. Así, **no podemos acceder de forma consecutiva a la API un tiempo inferior a 15 segundos**. Esta limitación está asociada al acceso a la API; dicho de otra manera, se pueden mandar varios datos utilizando los campos *Fields* en un solo acceso a la API, pero no se pueden mandar dos datos consecutivos en un tiempo inferior a 15 segundos.

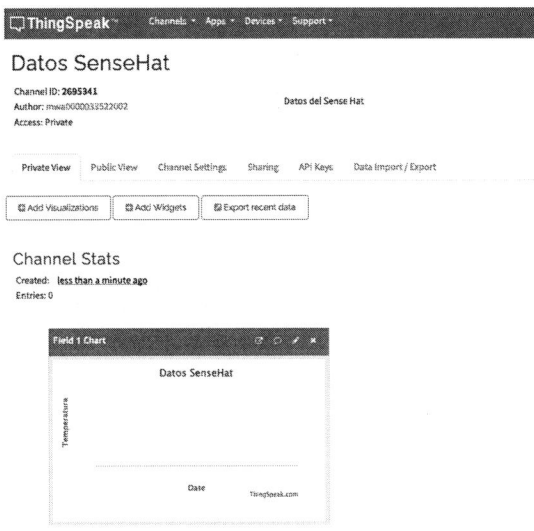

Figura 7.12: Vista privada del canal

Debemos utilizar las claves que se proporcionan cuando se crea el canal de comunicación. Mediante la pestaña API Keys (véase figura 7.13) podemos acceder a estas.

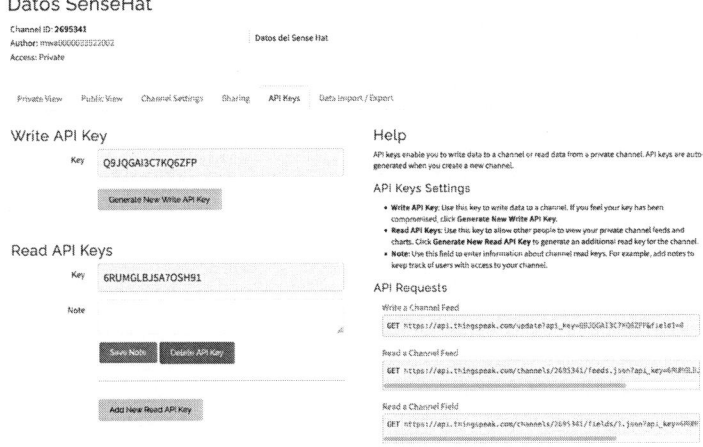

Figura 7.13: Configuración de un nuevo canal en ThingSpeak II

Existen dos tipos de claves que se deben utilizar dependiendo de la operación que se quiere realizar:

1. **Write API Key:** clave que debemos utilizar para escribir datos en el canal.
2. **Read API Keys:** clave que se utiliza para leer los datos del canal.

Aunque las claves se generan en el momento en el que se crea el canal, estas se pueden restablecer (volver a generar) cuando se quiera.

En el siguiente ejemplo, veremos cómo se pueden enviar datos a un canal previamente configurado, mediante el uso del módulo `thingspeak` de Python.

```python
# -*- coding: utf-8 -*-
import thingspeak
import time
import random


channel_id = "xxxxx" # identificador del canal
write_key = "xxxxxxxxxxxxxx" # key para enviar datos


channel = thingspeak.Channel(id=channel_id, api_key=write_key)

for i in range(5):
    dato = random.randint(20, 30) # dato aleatorio

    try:
        response = channel.update({"field1": dato})
        print("Dato enviado: ", dato)
    except:
        print("connection failed")
        break
    time.sleep(15) # tiempo de espera entre envío
```

Código 60: Envío de datos por ThingSpeak – `comunicaciones_iot_06.py`

Vemos que, primero, hay que crear el canal de comunicación proporcionando el identificador del canal `channel_id` y la clave de la API `api_key`. Para enviar un dato, debemos usar la función `channel.update()`, que recibirá un diccionario en el que las *keys* se corresponden a los campos del canal que queremos actualizar. Debemos esperar 15 segundos para enviar el nuevo dato, debido a las restricciones de uso de ThingSpeak.

Una vez ejecutado el Código 60, podemos crear un *widget* de visualización en la plataforma ThingSpeak. En la figura 7.14, se puede observar un ejemplo. Para insertar un *widget* se debe utilizar el botón *Add widgets* que se puede encontrar en la pestaña *Private view*. Se recomienda probar con diferentes *widgets* y ver la representación de los datos en los mismos. Para realizar la lectura de datos, utilizaremos el método `channel.get()`, que enviará una solicitud HTTP tipo GET. La respuesta será, tal y como hemos visto en los ejemplos anteriores de diseño de una API REST, un mensaje de tipo JSON.

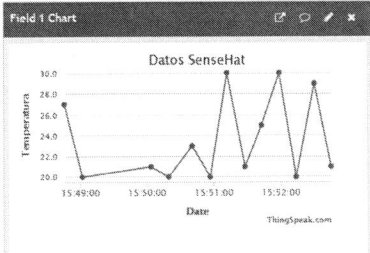
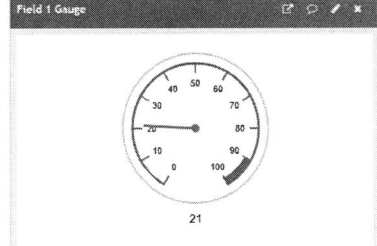

Figura 7.14: Ejemplo de *widgets* de visualización

```python
# -*- coding: utf-8 -*-
import json
import pandas as pd
import thingspeak


channel_id = "xxxxxxx"
read_key = "xxxxxxxxxxx"


channel = thingspeak.Channel(id=channel_id, api_key=read_key)


try:
    response = channel.get()
    print("Datos leídos correctamente")
except:
    print("connection failed")


data=json.loads(response) # leemos el archivo JSON
df = pd.DataFrame(data["feeds"]) # creamos un dataframe
print(df.head())
```

Código 61: Recepción de datos por ThingSpeak – `comunicaciones_iot_07.py`

Una vez convertidos con el método `json.loads(response)`, ya tendremos un diccionario con los valores guardados en ese canal. Los datos están almacenados bajo el campo `feeds`. Podemos convertir el dato en un *dataframe* de Pandas[4] para representarlo, editarlo o guardarlo:

```
{
        "channel": {
                "id": 2692190,
                "name": "Datos SenseHat",
                "latitude": "0.0",
                "longitude": "0.0",
                "field1": "Temperatura",
                "created_at": "2024-10-10T13:40:54Z",
                "updated_at": "2024-10-10T13:40:54Z",
                "last_entry_id": 20
        },
        "feeds": [
        {
                "created_at": "2024-10-10T13:48:46Z",
                "entry_id": 8,
                "field1": "27"
        }, ...
```

```
        created at   entry id field1
    15  2024-10-10T13:51:43Z        16      25
    16  2024-10-10T13:51:59Z        17      30
    17  2024-10-10T13:52:14Z        18      20
    18  2024-10-10T13:52:30Z        19      29
    19  2024-10-10T13:52:45Z        20      21
```

---

[4] https://pandas.pydata.org/

7.5 Interfaces gráficas con Tkinter

El módulo Tkinter de Python es una biblioteca estándar que permite desarrollar interfaces gráficas de usuario (GUI) de forma sencilla y eficiente. Tkinter proporciona una capa de abstracción para interactuar con la biblioteca Tcl/Tk, la cual maneja la parte gráfica. Con Tkinter, los programadores pueden crear ventanas, botones, cuadros de texto, etiquetas, menús y otros elementos visuales interactivos en una aplicación. En el contexto del IoT, Tkinter puede ser útil para crear paneles de control locales o aplicaciones de escritorio que interactúan con dispositivos conectados; por ejemplo, se puede usar para monitorear en tiempo real datos de sensores, visualizar gráficas o controlar actuadores como luces o motores. Tkinter también puede permitir a los usuarios finales configurar y gestionar dispositivos IoT desde su ordenador personal sin necesidad de acceder a interfaces web.

En aplicaciones de IoT, aunque muchos sistemas dependen de interfaces web para la gestión remota, una interfaz gráfica local construida con Tkinter es ideal cuando se necesita una solución rápida y de fácil implementación para pruebas locales o cuando la conexión a internet no está disponible. Además, esta biblioteca permite la integración con otros módulos de Python, lo que facilita la recopilación de datos, la conexión a bases de datos o dispositivos a través de protocolos como MQTT o HTTP.

7.5.1 Creación de una interfaz secilla

Para ilustrar cómo funciona Tkinter, crearemos una interfaz simple con cuatro botones y un panel para introducir texto. Los botones tendrán las siguientes funciones: 1) un botón servirá para limpiar la pantalla del SenseHat. 2) otro botón servirá para rotarla 90°. 3) otro botón leerá la caja de texto y mandará a representar el primer carácter en la matriz de ledes del SenseHat. 4) El último botón servirá para salir del programa. Para empezar, debemos importar las librerías de Tkinter y SenseHat e instanciar la clase SenseHat:

```
import tkinter as tk
from sense_hat import SenseHat
# Instanciamos el SenseHat
sense = SenseHat()
```

Código 62: Importación de librerías – `graphic_interface_0.py`

Ahora deberemos implementar las funciones manejadoras de los botones. Estas funciones se ejecutarán cuando los botones sean pulsados. Para el botón de limpiar, tendremos:

```python
def limpiar():
    sense.clear()
    print("Pantalla limpia")
```

Código 63: Función manejadora del botón *limpiar* – `graphic_interface_0.py`

Para el botón de rotación, debemos crear una variable global que perviva entre llamadas a esta función:

```python
def rotar():
    global angle
    angle += 90
    angle = angle % 360
    sense.set_rotation(angle)
    print("Rotación de la pantalla")
```

Código 64: Función manejadora del botón *rotar* – `graphic_interface_0.py`

Para el botón de imprimir por pantalla usaremos el método `caja_text.get()`, para obtener el texto de la clase `Entry` de Tkinter:

```python
def imprimir():
    sense.show_letter(caja_texto.get()[0])
```

Código 65: Función manejadora del botón *imprimir* – `graphic_interface_0.py`

Finalmente, para el botón de salida:

```python
def salir():
    exit()
```

Código 66: Función manejadora del botón *salir* – `graphic_interface_0.py`

Una vez se hayan definido todas las funciones manejadoras, debemos crear los botones y la caja de texto. Comenzaremos creando una ventana, donde se alojarán todos estos elementos:

```
ventana = tk.Tk()
ventana.geometry("300x200")
ventana.title("Control de pantalla")
```

Código 67: Creación de ventana – graphic_interface_0.py

Ahora podemos crear los botones llamando al método tk.Button. Como mínimo, debemos pasarle la ventana donde estará, el texto del botón y el comando que ejecuta (la función manejadora). Una vez creados, usaremos boton.place(x,y) para colocar el botón, indicándole la coordenada en píxeles donde estará situado el centro:

```
boton_encender = tk.Button(ventana, text="Limpiar",
↪   command=limpiar)
boton_encender.place(x=50, y=50)
# Botón de rotar
boton_apagar = tk.Button(ventana, text="Rotar", command=rotar)
boton_apagar.place(x=150, y=50)
# Creamos un botón para imprimir el mensaje
boton_imprimir = tk.Button(ventana, text="Imprimir",
↪   command=imprimir)
boton_imprimir.place(x=100, y=100)
# Creamos un botón peuqeño para salir
boton_salir= tk.Button(ventana, text="X", command=salir,
↪   bg="red", fg="white")
boton_salir.place(x=260, y=5)
```

Código 68: Creación de los botones – graphic_interface_0.py

Finalmente debemos colocar la caja de texto, que se crea con el elemento tk.Entry. Podemos inicializar el valor del texto con caja_texto.insert(p,texto), donde p es la posición inicial del cursor donde poner el texto. Tras colocar todos los elementos, debemos llamar a la función ventana.mainloop() para crear la ventana:

```
caja_texto = tk.Entry(ventana)
caja_texto.place(x=50, y=150)
caja_texto.insert(0, "Escribe aquí")

# Bucle principal
ventana.mainloop()
```

Código 69: Creación de la caja de texto e inicialización – graphic_interface_0.py

Podemos ver cómo, al escribir y rotar el texto, se ve reflejado en el SenseHat.

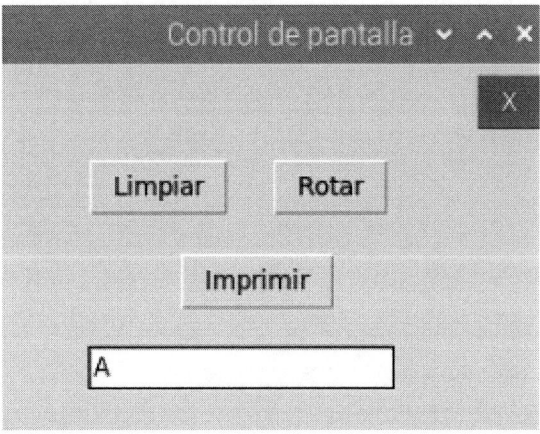

Figura 7.15: Resultado de ejecutar el *script* graphic_interface_0.py

7.5.2 Uso de la pantalla táctil de 7'

La RPi puede conectarse a una pantalla táctil de 7 pulgadas (véase figura 7.16) para poder usarla como interfaz gráfica interactiva. Para poder conectar la pantalla a la RPi, deberemos montarla con los tornillos justo encima de su base. Es conveniente quitar primero el SenseHat para facilitar el conexionado (**siempre sin corriente**). Una vez atornillada la RPi a la pantalla, debemos alimentarla con dos cables a través de los pines de 5V y GND (véase figura 7.17) (**no se debe invertir la polaridad o la pantalla se romperá**). Una vez conectada la alimentación, podremos conectar el cable plano tal y como aparece en la figura 7.18.

Figura 7.16: Pantalla de 7 pulgadas

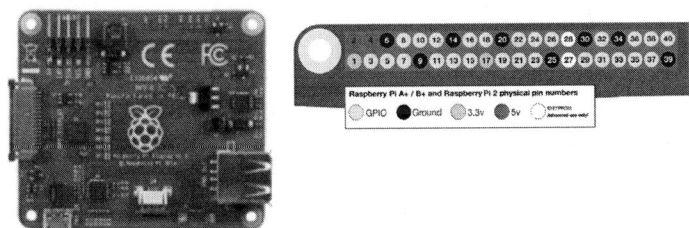

Figura 7.17: Distribución de los pines de la RPi

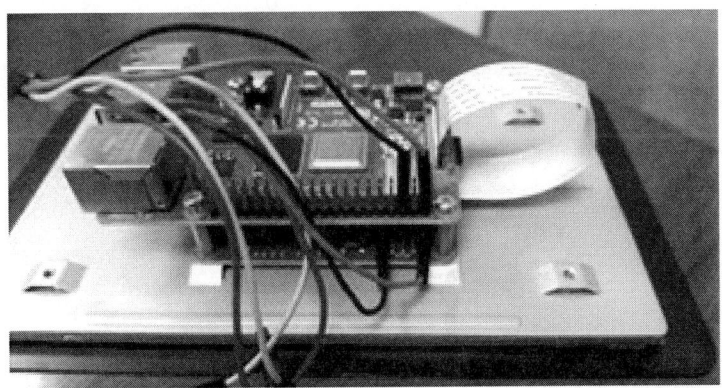

Figura 7.18: *Display* conectado a alimentación y a la RPi por cable plano

Para configurar la pantalla, deberemos encender la RPi. Veremos que la pantalla no funciona la primera vez. Para que la RPi arranque en modo pantalla, deberemos modificar el archivo `/boot/firmware/config.txt`. Para editar este archivo, usaremos nano:

```
sudo nano /boot/firmware/config.txt
```

Tras introducir la contraseña, nos iremos a la línea donde dice lo siguiente:

```
# Enable DRM VC4 V3D driver
dtoverlay=vc4-kms-v3d
```

Debemos cambiar esa línea comentando esa opción dtoverlay con un '#' y poniendo en su lugar `dtoverlay=vc4-kms-dsi-7inch`. Debe quedar así:

```
# Enable DRM VC4 V3D driver
# dtoverlay=vc4-kms-v3d
# Habilitamos esto para poder usar la pantalla
dtoverlay=vc4-kms-dsi-7inch
```

Para guardar, pulsamos CTRL+X y escribimos *Yes* cuando nos lo pida. Para terminar la configuración, debemos reiniciar la RPi. Cuando reinicie (puede tardar un rato), podremos ver el escritorio en la pantalla.

> **Advertencia**
>
> Si la pantalla está activada, no podremos usar el VNC. Si queremos usar el VNC de nuevo, deberemos dejar el archivo `/boot/firmware/config.txt` como estaba antes. Siempre podremos entrar por SSH y cambiarlo de forma remota. Se recomienda el uso de la pantalla **solo cuando la aplicación esté lista**.

7.6   Ejercicios propuestos

Pregunta 7.1 Desarrolla un nodo MQTT que funcione del siguiente modo: el nodo se suscribirá a un *topic* llamado _solicitud_medida. Por este *topic* recibirá una cadena de caracteres con el nombre del sensor que se quiere leer. El nodo responderá por otro *topic* llamado _respuesta_medida con la medida tomada.

Pregunta 7.2 Crea un nodo para hablar a través de mensajes escritos en la matriz de led con otros compañeros del laboratorio. El nodo de una RPi debe enviar por un *topic* un mensaje de texto, que será representado en la matriz de ledes del compañero y viceversa. Ojo: no llames a la función show_message() dentro de la función de *callback* on_message para no bloquear la llegada de nuevos mensajes. Acumula los mensajes en una lista con lista.append(msg) y vete sacándolos uno a uno con mensaje = lista.pop(), como si se tratara de una cola FIFO.

Pregunta 7.3 Crea un nodo remoto en una RPi que se suscriba a un *topic* /pixel_value y a otro /clear. Por el primer *topic*, se recibirá un mensaje JSON del tipo {x: int, y: int, R: int, G: int, B:int}. Este mensaje se puede pasar a diccionario de Python mediante la función json.loads(str) del módulo JSON. Al recibir un mensaje de ese tipo, se pondrán ese píxel a ese valor de RGB. Para ello, se puede usar sense.set_pixel(x,y,r,g,b). Si llega un valor (cualquiera), por el *topic /clear*, se deberá limpiar la pantalla.

Pregunta 7.4 Implementa un servidor REST con Flask que permita almacenar valores de un sensor de forma secuencial. El servidor implementará un *webservice* de tipo POST que reciba un valor de un sensor con fecha y hora. El servidor lo acumulará en una lista o diccionario. Otro *webservice* de tipo GET debe devolver todo el histórico de muestras acumuladas hasta la fecha.

Pregunta 7.5 Modifica el servidor REST para que tenga un *webservice* que envíe una imagen. Para ello, importa la función send_file(path, type). En path debe estar la ruta a la imagen. En *type* debe aparecer *image/jpg* si es de formato jpg. Haz que el *webservice* devuelva el resultado de evaluar send_file (return send_file('miimage.jpg', 'image/jpg'), por ejemplo).

Pregunta 7.6 Modifica el ejemplo anterior para que, cada vez que se llame a ese *webservice*, se tome una foto con la cámara y se envíe. Recuerda crear y configurar la cámara fuera de la función del *webservice* y declarar el objeto como global para usarla.

Pregunta 7.7 Crea una interfaz gráfica que sirva como sistema de ficha de una empresa. El trabajador debe introducir su nombre en una caja de texto. Si coincide con una lista que habrá de leerse de un fichero *.txt* al pulsar un botón llamado *Fichar*, se debe guardar la hora y el nombre del trabajador en una lista. Adicionalmente, se ha de enviar a ThingSpeak el nombre del trabajador, para que conste que ha fichado. Por último, genera un error si el trabajador ha fichado fuera de la hora de entrada (fíja esa hora arbitrariamente para probar). Esta incidencia deberá también enviarse por Thingspeak a otro *Field*. Cuando tengas el sistema, usa la pantalla para probarlo.

8. Bases de datos SQL para IoT

El objetivo de este capítulo es introducir al lector en la creación y explotación de una base de datos relacional en un sistema embebido como la RPi. Para ello, inicialmente se hará un repaso por los diferentes tipos de bases de datos disponibles, poniendo el foco en las relacionales. Por otro lado, se explicará el concepto de sistema gestor de base de datos, y se expondrán algunos de ellos. Por último, se presenta el lenguaje de consulta SQL y se pone en práctica a través de un pequeño ejemplo, y de SQLite como sistema gestor de base de datos.

Una vez aprendidos los conceptos expuestos en este capítulo, estaremos en disposición de poder crear y gestionar su propia base de datos dentro del SO de la RPi.

Para este capítulo, necesitaremos:

- Raspberry Pi 4 con el SO proporcionado.

Las consultas SQL empleadas a lo largo de este capítulo se pueden encontrar en https://bender.us.es/etsi/AplicacionesRPi. Cada una de ellas está almacenada en ficheros con extensión .sql, que podrán copiarse y pegarse en el terminal. Ten en cuenta que los ficheros correspondientes han sido almacenados en carpetas en función de su tipología (order_by, insert, create, select y join).

8.1 Tipos de bases de datos

Una base de datos es un conjunto de datos almacenados, y estructurados, basados en sus características o tipología, con el fin de ser empleados o consultados con posterioridad. Se trata de un sistema electrónico que permite que los datos sean fácilmente accesibles, manipulados y actualizados. A modo de resumen, una base de

Dni	Usuario
12345678	usu1
00112233	usu2
98765432	usu3

Figura 8.1: Ejemplo de base de datos plana

datos es empleada por una organización como un modo de almacenar, administrar y recuperar información. Antes de que las bases de datos existieran, se trabajaba con sistemas de ficheros. Las bases de datos se pueden concebir como un gran almacén de datos, que se define y crea una sola vez pero que puede ser empleadas por distintos usuarios al mismo tiempo. En ellas se trata de evitar a toda costa la duplicidad de los datos, para que cualquier actualización de los mismos implique la realización de acciones por duplicados, evitando posibles inconsistencias entre los datos dentro de la misma base de datos.

En las bases de datos, es común, además de almacenar los datos propiamente, almacenar una descripción de los mismos, lo que se conocen como metadatos, con el objetivo de que exista independencia de datos física-lógica. En línea con las bases de datos aparecen los Sistemas Gestores de Bases de Datos (SGDB), DBMS por sus siglas en inglés (DataBase Management System). Se trata de un *software* para la creación, gestión y administración de estas. Los SGBD añaden un nivel de abstracción a las bases de datos, dado que hacen que el usuario pierda el conocimiento de dónde o cómo se almacenan los datos, así como cuánto ocupan estos, a la vez que facilitan el trabajo con ellas. Hay una amplia variedad de sistemas gestores de bases de datos; estos coinciden con los diferentes tipos de bases de datos. Como paso previo a citar cada uno de ellos, y sus características, a continuación, se enumeran y explican en detalle los diferentes tipos de bases de datos.

8.1.1   Modelo de base datos plana

Se trata de ficheros de texto divididos en filas y columnas; se emplea una sola tabla. Todos los valores de una misma columna son del mismo tipo, mientras que los valores de la misma fila estarán relacionados entre ellos. Se trata de las bases de datos más antiguas y en la actualidad están perdiendo la consideración de tal, dada su simplicidad. Su utilidad viene dada para el manejo de pequeños datos, dado que la información se encuentra en un solo lugar y esto facilita el acceso a ella. Un ejemplo podría ser un registro en el que se almacenen los números de identificación fiscal y los usuarios asignados a cada uno de ellos para una determinada entidad.

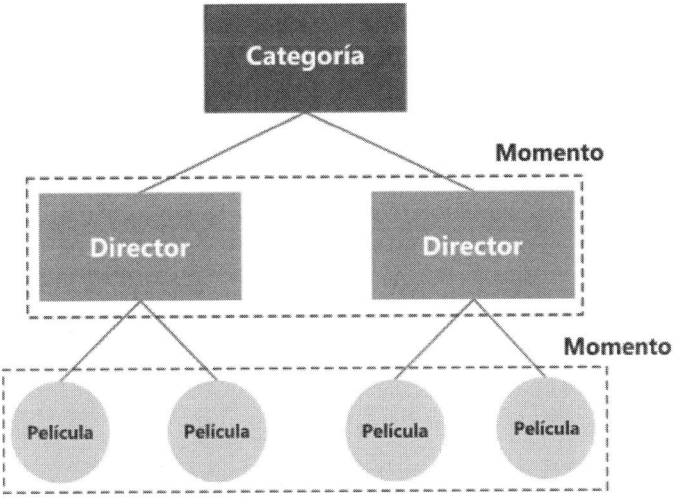

Figura 8.2: Ejemplo de base de datos jerárquica

8.1.2 Modelo de base datos jerárquica

Son bases de datos que almacenan la información en una estructura jerarquizada; concretamente, los datos son organizados de forma parecida a un árbol visto del revés. La información se organiza en forma de árbol invertido, con un nodo raíz, nodos padre e hijos. Un nodo padre podría tener un número ilimitado de nodos hijos, pero a un nodo hijo solo le puede corresponder un padre. Los nodos sin descendientes se llaman hojas; los niveles de la estructura jerárquica se denotan momentos. Solo pueden existir relaciones de uno a uno, o de uno a varios. Un ejemplo de utilización de estas bases de datos podría ser para el registro de películas en una sala de cine, en la que se quiere almacenar las películas por categorías, director/a y películas dirigidas por cada uno (véase figura 8.1).

Podrían existir diferentes categorías (humor, drama, acción, etc.), diferentes directores/as para cada una de ellas, a la vez que diferentes películas dirigidas por cada uno de ellos/as.

8.1.3 Modelo relacional

Este es el modelo más popular y extendido en las bases de datos. Es la herramienta perfecta para el almacenamiento y acceso de la información. Estas bases de datos se organizan en tablas, las cuales consisten en una consecución de filas y columnas. Cada fila de una tabla representa a una entidad, mientras que cada columna almacena una característica específica de esa entidad. La adicción y consulta de información no requiere de la reorganización de las tablas. En ellas se evita la duplicidad de los datos para reducir el crecimiento de esta, en términos de memoria ocupada, y en consecuencia aumentando la eficiencia de la misma. Así como para evitar focos de inconsistencia de datos; por ejemplo, que la misma información pueda no estar actualizada en diferentes tablas, cuando en realidad su contenido debería ser idéntico.

Cada registro, conjunto de campos o único campo, en una base de datos relacional, tiene su propia clave principal (también llamada clave primaria o *primary key*), siendo esta un campo único que hace sencilla la identificación de un registro. La clave principal permite la identificación de manera inequívoca de cada fila de la tabla. Por ello, no puede haber en una misma tabla dos filas con el mismo valor de clave principal; por ejemplo, si en una tabla es definido como clave principal el nombre y *DNI*, de una persona, si se intentase insertar dos personas con el mismo nombre y *DNI*, se obtendría un error con el cual alertar de esta anómala situación. De igual modo, las columnas seleccionadas como primarias no podrían contener un valor nulo. Esta clave sirve para hacer relaciones uno a uno, uno a muchos o muchos a muchos entre tablas. Sin las claves principales, o primarias, las bases de datos relaciones no tendrían sentido y siempre podría existir información repetida.

Existe otro concepto muy importante en las bases de datos relacionales: las claves foráneas (*foreign key*). Se trata de uno o más campos de una tabla que hacen referencia al campo o campos, clave principal, de otra tabla. La utilización de claves foráneas permite mantener la integridad referencial; es decir, sería imposible la eliminación de la clave primaria sin antes eliminar las filas de clave foránea. A partir del concepto de clave foránea, emerge otro muy representativo de las bases de datos relacionales: las relaciones. Las relaciones entre tablas, mediante claves foráneas, permite la vinculación de datos de manera coherente y evita la redundancia, ya que la información relacionada se almacena en una tabla y se referencia mediante la clave foránea en otra diferente. Este tipo de bases de datos utilizan su propio lenguaje de consulta, SQL, el cual permite realizar consultas, inserciones, actualizaciones y eliminaciones de datos de manera eficiente y coherente. Se dedicará una sección completa a la introducción a este lenguaje de consulta.

En la actualidad, este tipo de bases de datos está muy extendido. Sin embargo, presenta una serie de limitaciones:

- **Esquema predefinido:** basada en tablas y relaciones entre ellas. Esto hace que la estructura de la base de datos deba ser conocida y definida antes de comenzar a insertar datos. En entornos donde los datos o la naturaleza de los mismos es cambiante se hace complicada su utilización. Esto puede suponer tener que actualizar el esquema de datos, lo cual requiere de tiempo y podría afectar a la capacidad de respuesta.
- **Datos estructurados:** están concebidas para almacenar datos estructurados con relaciones bien definidas. Sin embargo, no son tan eficientes cuando se trata de datos no estructurados, tales como imágenes, vídeos, textos, etc.

- **Escalabilidad:** el escalado vertical es proclive para este tipo de bases de datos; es decir, la agregación de más recursos, en términos de RAM, CPU o almacenamiento, es posible para la gestión de conjuntos de datos muy grandes. Si embargo, el reparto de carga entre varios equipos, conocido como escalado horizontal, es más complejo en este tipo de bases de datos. Esto es especialmente crítico en entornos de big data o aplicaciones con un alto tráfico.

8.1.4 Modelo no relacional

Son conocidas también como bases de datos NoSQL (Not Only SQL), especialmente diseñadas para manejar y almacenar datos de manera flexible y escalable; es decir, no sigue el modelo de tablas y relaciones de las bases de datos relacionales tradicionales. Dicho de otro modo, no se almacenan sus datos en columnas y filas; tampoco utilizan SQL como lenguaje de consulta, sino que se emplean lenguajes alternativos para sus modelos de datos. En lugar de la típica estructura tabular empleada en las bases de datos relacionales, las NoSQL alojan sus datos dentro de una estructura de datos, como podría ser un fichero en formato JSON o XML.

Entre sus características principales, cabe resaltar la ausencia de un esquema predeterminado, a diferencia del modelo de tablas de una base de datos relacional en la que los datos y el tipo vienen definidos por el diseño de las mismas. En el caso de las bases de datos no relacionales, cada documento (así es como se suele nombrar a los registros en este tipo de bases de datos) puede tener un formato diferente y, por ende, albergar diferente información, que permite almacenar diferentes atributos en cada ocasión; por ejemplo, a la hora de almacenar los productos de una tienda, junto a sus correspondientes reseñas recibidas. Cada uno de ellos tendrá una serie de características (atributos) diferentes al resto, ya sea en número o contenido. Al igual ocurre con las reseñas: cada producto tendrá un número diferente de ellas, en función, probablemente, de su éxito.

La escalabilidad horizontal es otra de las características de este tipo de bases de datos. En este sentido, se puede mejorar el rendimiento del sistema añadiendo más nodos, de tal modo que una determinada consulta podría distribuirse entre varios nodos, y solo operaría sobre los datos albergados en dichos nodos. Antes de ofrecer el resultado al usuario, los resultados de las consultas distribuidas se agruparían para proporcionar a este una respuesta centralizada. La alta velocidad es otra de las características de este tipo de base de datos, debido a que se trabaja con los datos en memoria, y con cierta periodicidad se hace un volcado de los mismos al disco.

8.1.5 Modelo orientado a objetos

Tradicionalmente, los datos y las relaciones se almacenan separadamente. Sin embargo, en las bases de datos orientadas a objetos, los datos y sus relaciones se almacenan en la misma entidad. Este modelo de base de datos supone una extensión del paradigma de programación orientada a objeto (POO). Un objeto, entidad en el modelo de base de datos orientado a objetos, es una estructura que tiene asociado un estado y un comportamiento (atributos y métodos), así como las características propias de la POO; véanse herencias, polimorfismo, abstracción y encapsulamiento. Este modelo de base de datos ofrece una mayor flexibilidad dado que no están limitadas por los tipos de datos y los lenguajes de consulta de bases de datos tradicionales.

Además, la información almacenada en una base de datos cumple una serie de requisitos:

- Los datos están interrelacionados y sin redundancias innecesarias.
- Los datos son independientes de los programas que lo usan.
- Se emplean métodos para incluir y borrar datos, modificar o recuperar datos almacenados.

8.2   SQL, lenguaje de consulta

SQL, o lenguaje estructurado de consulta, es el lenguaje utilizado para definir, controlar y acceder a los datos almacenados en una base de datos relacional. Se trata de un lenguaje universal empleado en cualquier sistema gestor de bases de datos relacional. El objetivo de esta sección es exponer la sintaxis de este lenguaje, a lo largo de esta sección. El lenguaje SQL está compuesto por comandos, cláusulas, operadores y funciones de agregación. Estos elementos se combinan para la creación, actualización y manipulación de bases de datos.

8.2.1   Comandos SQL

Son tres los tipos de comandos en SQL:

- DLL (Data Definition Language – Lenguaje de definición de datos) permite la creación y definición de nuevas bases de datos, campos e índices. Estas sentencias son usadas por el administrador de base de datos debido a que permite definir gran parte del nivel interno de esta.
- DML (Data Manipulation Language – Lenguaje de manipulación de datos) el cual permite generar consultas para ordenar, filtrar, insertar y extraer datos de la base de datos, en concreto de las tablas.
- DCL (Data Control Language – Lenguaje de control de datos) para la definición de permisos sobre los datos.

A continuación, veremos el listado de comandos SQL asociados a cada uno de las categorías anteriores. Dentro del marco de este libro, se va a trabajar con sentencias DLL y DML. La definición de permisos se deja para trabajos más avanzados. Antes de dar paso a la definición de cada uno de ellos, será mostrada la nomenclatura seguida por las sentencias SQL:

1. Se comienza por un verbo indicando la acción para realizar.
2. Se continúa complementando con un objeto sobre el cual se realiza la acción.
3. Se sigue por una serie de cláusulas, obligatorias y opcionales, que especifican en detalle lo que se quiere hacer.

8.2.2 Comandos de definición de datos (DLL)

Comando CREATE

Este comando se emplea para la creación de un objeto dentro del gestor de base de datos, pudiendo ser este objeto una *base de datos*, *una tabla*, *índice* o una *vista*. Veamos la sintaxis de cada una de ellas a continuación:

Crear una base de datos	CREATE DATABASE ejemploBD;

Donde `ejemploBD` es el nombre de la base de datos que acaba de crear:

Crear una tabla	CREATE TABLE ejemplo_tabla (Columna1 tipodato, Columna2 tipodato, ...); ;

Donde `ejemplo_tabla` representa el nombre de la tabla que se está creando y `Columna1`, `Columna2` representan el nombre de cada una de las tablas que constituyen la nueva tabla, mientras que `tipodato` representa el tipo de dato asociado a cada columna.

Antes de introducir la sentencia para la creación de índices en las tablas, definiremos el concepto de índice sin entrar en mucho detalle. Los índices son estructuras de datos que ayudarán a la mejora en las operaciones de lectura o escritura en una tabla; es decir, sin un índice la base de datos tiene que buscar en todos y cada uno de los registros de la tabla, asumiendo el consumo de tiempo y recursos que ello supone, sobre todo cuando se trata de tablas con muchos registros (miles o incluso millones). Si por el contrario existe un índice, la búsqueda es óptima dado que se realiza a partir de un conjunto de columnas seleccionadas, del total de ellas, para tal efecto. Además de las columnas elegidas para facilitar la búsqueda, los índices incluyen un puntero a cada una de las filas. Estos punteros darían acceso al resto de campos de cada una de las filas. Por ello, resulta clave una correcta selección de la, o las columnas, que formará parte del índice. No tiene sentido la creación de índices basados en muchas columnas, pero tampoco tendría sentido índices que lleven a errores a la hora de la realización de las correspondientes consultas con tal de optimizar los recursos y el tiempo.

Con un ejemplo se puede entender de una manera más clara el concepto de índice. Supongamos una tabla de usuarios que va a contener las siguientes columnas: *idusuario*, *dni*, *nombre*, *edad*, *profesión*, *salario*. Vamos a suponer que esta tabla es usada por una empresa con miles de empleados. En consecuencia, esta tabla tendrá miles de registros y la búsqueda en ella puede resultar lenta y costosa. Si creamos un índice con la columna *dni*, el cual será único para cada persona, los tiempos de búsqueda se reducirían porque la búsqueda se realizaría con base en el *dni* y, asociado a cada *dni* se tendría un puntero a cada una de las filas y, por ello, un acceso a toda la información de cada usuario.

idusuario	dni	nombre	edad	profesion	salario
idA	dniA	nombreA	edadA	ProfesionA	salarioA
idB	dniB	nombreB	edadB	ProfesionB	salarioB
idC	dniC	nombreC	edadC	ProfesionC	salarioC
idD	dniD	nombreD	edadD	ProfesionD	salarioD
...	...	...	...	...	...

Tabla 8.1: CREATE – Tabla de ejemplo

dni	puntero
idA	dniA
idB	dniB
idC	dniC
idD	dniD
...	...

Tabla 8.2: CREATE - Índice de ejemplo

Cada uno de estos punteros, vinculados con los DNI, apuntarían a las direcciones de memoria de las filas correspondientes de la tabla usuarios. De este modo, la búsqueda sería más eficiente porque solo se realizaría por el DNI pero se tendría acceso a toda la información asociada a cada número, a partir de los punteros. La sintaxis, genérica, para la creación de índices sería la siguiente:

Crear índices	CREATE INDEX ejemplo_indice ON ejemplo_tabla (Columna1, Columna2, ...);

Por último, la creación de vistas. Antes se hará una breve descripción de las mismas para entender su funcionamiento y utilidad. Una vista es una tabla virtual, la cual es creada a partir de una consulta a una o varias tablas. El contenido de una vista es el mismo que el de una tabla, un conjunto de filas y columnas, pero de manera virtual; es decir, los datos no existen en una vista, como sucede en una tabla: estos se cargan en memoria dinámicamente a partir de las consultas a las tablas correspondientes. Una vista podría servir para la creación de una tabla, virtual, más sencilla que la original. De este modo, potenciales aplicaciones que requieran de acceso a esa información, reducida, no tendrían que acceder a la tabla completa, sino que lo harían sobre la vista, que estaría cargada en memoria, mejorando notablemente los tiempos y recursos empleados. La sintaxis genérica para la creación de vistas sería la siguiente:

Crear vistas	`CREATE VIEW ejemplo_vista AS SELECT columna1, columna2, ... FROM ejemplo_tabla WHERE condicion;`

Hasta ahora, no hemos aprendido el significado de las sentencias `SELECT`, `FROM` o `WHERE`. Sin embargo, sí que podríamos decir que nos van a permitir obtener (`SELECT`) un conjunto de datos procedentes de una tabla (`FROM`), a partir de una serie de cláusulas (`WHERE`). Esta breve definición de la sentencia `SELECT` va a servir para entender mejor la creación de vistas. A la derecha del *AS*, se trata de una consulta como cualquier otra; ésta permitirá cargar en memoria la información extraída como resultado de la misma, dando lugar a una vista.

Comando ALTER

Esta sentencia se emplea para modificar tablas, ya sea agregando nuevos campos o modificando los ya existentes, o para agregar/quitar índices.

Agregar columna	`ALTER TABLE ejemplo_tabla ADD nuevo_campos TEXT;`
Quitar columna	`ALTER TABLE ejemplo_tabla DROP COLUMN nombre_columna;`
Cambiar tipo de una columna	`ALTER TABLE ejemplo_tabla ALTER COLUMN nombre_columna nuevo_tipo_de_dato;`
Renombrar una columna	`ALTER TABLE ejemplo_tabla RENAME COLUMN nombre_columna_a_cambiar TO nuevo_nombre_columna;`

A través de las sentencias anteriores, respectivamente, se habrá agregado, quitado, cambiado de tipo y renombrado una columna correspondiente a una determinada tabla (`ejemplo_tabla`).

Comando DROP

El objetivo de este comando es eliminar un objeto de la base de datos, pudiendo ser una tabla, vista o índice.

Eliminar tabla	`DROP TABLE ejemplo_tabla;`
Eliminar vista	`DROP VIEW ejemplo_vista;`
Eliminar índice	`DROP INDEX;`

8.2.3   Comandos de manipulación de datos (DML)

Comando SELECT

Es una sentencia empleada para consultar registros de la base de datos que satisfagan un determinado criterio o condición.

La palabra reservada SELECT permite obtener los valores de las columnas marcadas en esta sentencia, de la tabla que consultar. FROM indica la tabla sobre la cual se está realizando la consulta, *ejemplo_tabla* en el ejemplo anterior, mientras que la palabra reservada WHERE sirve para indicar las condiciones que debe cumplir la información que se está consultando y con base en esta condición, los resultados obtenidos serán uno u otro.

SELECT	`SELECT columna1, columna2, ... FROM ejemplo_tabla WHERE condicion;`

Comando INSERT

Es la sentencia empleada para la carga, en una única operación, de datos en la base de datos.

INSERT	`INSERT INTO ejemplo_tabla (columna1, columna2, ...) VALUES (valor1, valor2, ...);`

Con la sentencia anterior, se estará insertando en las columnas (*columna1*, *columna2*, etc.) de la tabla ejemplo_tabla los valores (*valor1*, *valor2*, etc.) respectivamente. merate

Comando UPDATE

Es una sentencia empleada para modificar los valores de una determinada tabla.

UPDATE	`UPDATE ejemplo_tabla SET columna1 = valor1,` `columna2 = valor2, ...) WHERE condicion;`

La instrucción UPDATE marca la tabla sobre la cual se quiere hacer la modificación o actualización de alguno de sus registros. SET indica los nuevos valores asociados a cada una de las columnas que se quieren actualizar. Mientras que la instrucción WHERE impone la condición para que se actualicen los valores de las columnas marcadas por el SET.

Comando DELETE

Se emplea para eliminar registros de una tabla, esta sentencia borra uno o más registros existentes en una tabla.

DELETE	`DELETE FROM ejemplo_tabla WHERE condicion;`

La sentencia anterior elimina todos los registros de la tabla, `ejemplo_tabla`, que cumplen con la condición indicada en el WHERE.

Comando JOIN

El concepto de base de datos relacional lleva a que las tablas estén relacionadas entre sí, y que los datos estén distribuidos entre diferentes tablas. Son varios los tipos de JOINs aunque todos tienen en común que permiten unir filas de dos o más tablas en base a la relación establecida entre ellas (véase figura 8.3).

1) **Inner Join:** esta sentencia busca la coincidencia entre 2 tablas, en función a una columna que tienen en común. Como resultado, solo se mostrarán los datos correspondientes a la intersección entre las dos tablas.
2) **Left Join:** a diferencia de Inner Join, donde se busca la intersección respetada por ambas tablas, con Left Join se da prioridad a la tabla de la izquierda, y se busca en la tabla de la derecha. Si no existe ninguna coincidencia para alguna de las filas de la tabla de la izquierda, se muestran todos los resultados de la primera de las tablas.

3) **Right Join:** a diferencia de Inner Join, donde se busca la intersección respetada por ambas tablas, con Right Join se da prioridad a la tabla de la derecha, y se busca en la tabla de la izquierda. Si no existe ninguna coincidencia para alguna de las filas de la derecha, se muestran todos los resultados de la segunda de las tablas.

4) **Full Join:** muestra las filas de ambas tablas sin importar que no existan coincidencias (en este caso, se usará NULL como valor por defecto).

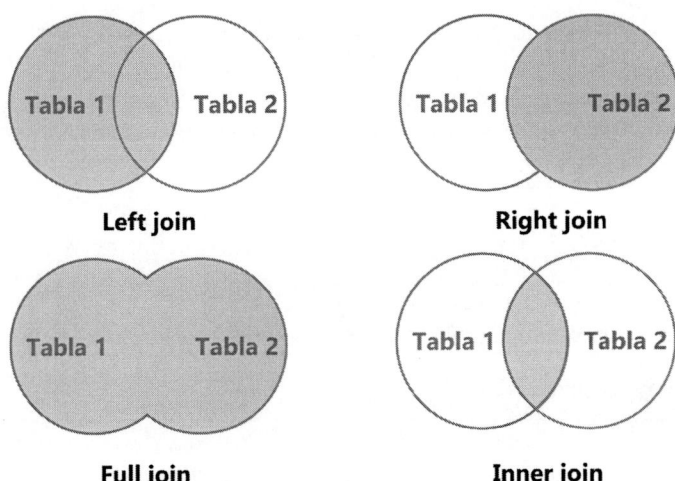

Figura 8.3: Tipos de operación JOIN

Cláusulas SQL

Las cláusulas son condiciones de modificación utilizadas para definir los datos que se desean seleccionar o manipular. Ya han sido mencionadas algunas cláusulas a lo largo de esta sección (FROM y WHERE).

- FROM: utilizada para especificar la tabla de la cual se van a seleccionar los registros.
- WHERE: utilizada para especificar las condiciones que deben cumplir los registros que se van a seleccionar.
- GROUP BY: utilizada para agrupar filas que tienen los mismos valores. Las consultas que contienen esta cláusula se denominan consultas agrupadas y solo retornan una fila para cada elemento agrupado.
- HAVING: se utiliza para incluir condiciones con alguna función SQL del tipo SUM, MAX, MIN, ...
- ORDER BY: empleada para ordenar los registros seleccionados, de acuerdo con un orden específico.

Operadores SQL

Para esta sección se va a hacer una distinción entre operadores lógicos y operadores de comparación, y cada uno de ellos se muestra a continuación. Además de mostrar la definición de cada uno de los operadores, A continuación, se muestran algunos ejemplos de consultas que van a ayudar a comprender mejor el funcionamiento de alguno de estos operadores. En concreto, veremos ejemplos para BETWEEN, LIKE e IN.

Operadores lógicos	
AND	"Y" lógico. Evalúa dos condiciones y devuelve un valor de verdad solo si ambas son ciertas
OR	"O" lógico. Evalúa dos condiciones y devuelve un valor de verdad si alguna de las dos es cierta
NOT	Negación lógica. Devuelve el valor contrario de la expresión

Tabla 8.3: Resumen de operadores lógicos

Operadores de comparación	
$<$	Menor que
$>$	Mayor que
$<>$	Distinto de
$<=$	Menor o igual que
$>=$	Mayor o igual que
$=$	Igual que
BETWEEN	Utilizado para seleccionar valores entre un rango de datos
LIKE	Utilizado para determinar si una cadena de caracteres específica coincide con un patrón
IN	Devuelve aquellos registros cuyo campo seleccionado, para el efecto, coincide con alguno de los que hay en la lista que se le pasa como condición

Tabla 8.4: Resumen de operadores de comparación

Operador BETWEEN: el resultado de esta consulta serán todos los registros de la tabla usuarios cuyas fechas de nacimiento están comprendidas entre el *01/01/1980* y el *01/01/2021*.

```
SELECT * FROM usuarios WHERE fecha_nacimiento BETWEEN
'01-Ene-1980' AND '01-Ene-2021'
```

Operador LIKE: en el caso de LIKE, se verán varios ejemplos que ilustran el funcionamiento de este operador.

```
SELECT * FROM usuarios WHERE nombre LIKE '%es%'
```

Este primer ejemplo devolvería todos los registros de la tabla usuarios donde el registro de nombre contenga 'es'; por ejemplo, *jesús*, *estefania*, etc. Hay que tener en cuenta que es sensible a las mayúsculas y minúsculas.

```
SELECT * FROM usuarios WHERE nombre LIKE 'es%'
```

Esta consulta devolvería todos los registros cuyo registro nombre comienza por 'es'; por ejemplo: *estefanía*.

```
SELECT * FROM usuarios WHERE nombre LIKE '%co';
```

El resultado de esta, serían todos los registros de la tabla *usuarios* para los cuales el contenido del registro nombre termina en 'co'; por ejemplo, *francisco*.

Operador IN: el resultado de esta consulta serán los valores de todas las columnas de la tabla usuarios que satisfacen que los valores de la columna ciudad coinciden con alguno de los contenidos en la lista ('Madrid', 'Sevilla', 'Granada'). Haciendo uso del operador NOT IN, el resultado obtenido será el complementario; es decir, aquellos registros cuyos valores de la columna ciudad no se encuentran contenidos en la lista de ciudades anteriores.

```
SELECT * FROM usuarios WHERE ciudad IN ('Madrid', 'Sevilla',
'Granada')
```

Funciones de agregación: estas funciones se emplean dentro de la cláusula SELECT para devolver un único valor que se aplica a un grupo de registros. A continuación, en la tabla 8.5, se explican las funciones de agregación más comunes, su descripción, un ejemplo de utilización y una descripción del ejemplo expuesto.

Función de agregación	Definición	Ejemplo
AVG	Para calcular el promedio de los valores de un determinado campo	`SELECT AVG(edad) FROM usuarios;`
COUNT	Para devolver el número de registros de una selección de registros	`SELECT COUNT(nombres) FROM usuarios;`
SUM	Devuelve la suma de todos los valores de un campo determinado	`SELECT SUM(edad) FROM usuarios;`
MAX	Devuelve el valor más alto de un campo determinado	`SELECT MAX(edad) FROM usuarios;`
MIN	Devuelve el valor más bajo de un campo determinado	`SELECT MIN(edad) FROM usuarios;`

Tabla 8.5: Resumen de funciones de agregación SQL

8.3 Sistema gestor de bases de datos (SGBD)

Un sistema gestor de bases de datos (SGBD) es un *software* constituido por una serie de programas cuya funcionalidad es crear, gestionar y administrar la información contenida en una base de datos. Un SGBD tiene como objetivo servir de interfaz entre los usuarios y las aplicaciones.

Las principales características de los SGBD son:

- Debe proporcionar a los usuarios la posibilidad de almacenar los datos, acceder a ellos, generar informes y, además, poder manipularlos. Se trata de las funciones principales de un SGBD.
- Normalmente, los datos almacenados en una base de datos son de carácter sensible o confidencial. El SGBD se encarga de garantizar la seguridad de los datos almacenados en ella.
- Preservar y proteger la integridad de los datos almacenados, garantizando de esta forma su validez.

- Abstracción de la información: mediante esta funcionalidad, un SGBD simplifica el sistema de almacenamiento físico de datos ahorrando de esta forma muchos detalles a los usuarios.
- Independencia: se trata de la capacidad del SGBD de modificar el esquema físico o lógico de una base de datos.
- Redundancia mínima: dependiendo del nivel de complejidad de los datos, existe la posibilidad de que se produzcan redundancias. El correcto funcionamiento del SGBD logrará minimizar la aparición de repeticiones.

Es importante tener clara la diferencia entre los conceptos de base de datos y sistema gestor de base de datos. La primera está conformada por los datos en sí mismos, mientras que el SGDB es la herramienta para materializar la base de datos y su estructura. Son varios los tipos de SGDB: relacionales, no relacionales, jerárquicos, en red, etc. Dado el objetivo, alcance y público al que está destinado este libro, solo se trabajará con SGDB relacionales. Los SGDB relacionales se caracterizan por la utilización de relaciones entre objetos que permite la optimización del espacio de almacenamiento, evitando la información redundante, dado que se emplean apuntadores a la información ya almacenada y, de ese modo, eliminar la duplicidad de los datos. En resumen, este modelo se basa en establecer relaciones entre los datos. Entre las principales ventajas de este modelo, destacan la madurez, la optimización del espacio, la atomicidad y la seguridad en las operaciones. Los principales SGBD actualmente son:

1) **MySQL** (https://www.mysql.com/)

   Se trata del sistema gestor de bases de datos relacional por excelencia. Es un SGBD multiusuario y multihilo, ampliamente usado en blogs de internet y en la mayoría de los sistemas gestores de contenido (Content Management System, CMS) que lo han adoptado como opción por defecto para almacenar la información.

   - **Ventajas:**
     - Flexibilidad y facilidad de uso.
     - Alto rendimiento.
     - Multiuso y multihilo.
     - Soporte multiplataforma.
     - Soporte SSL.

   - **Desventajas:**
     - Escalabilidad: no trabaja de manera eficiente con bases de datos muy grandes.

2) **PostgreSQL** (https://www.postgresql.org)
Es un SGBD orientado a objetos y de alta disponibilidad, capaz de funcionar de manera estable y robusta.

- **Ventajas:**
  - Alta concurrencia: capacidad de atender a varios clientes a la vez, sin bloqueos.
  - Trabajo con vistas: los datos pueden ser consultados de manera diferente al modo en que se almacenan.
  - Objeto-relacional: permite trabajar con datos como si fueran objetos y ofrece mecanismos propios de la orientación a objetos.
  - Soporte para bases de datos distribuidas.
  - Soporte para gran cantidad de lenguajes de programación.

- **Desventajas:**
  - Gestión ineficiente de bases de datos muy pequeñas, ya que está diseñado para bases de datos de gran tamaño.

3) **SQLite** (https://sqlite.org/)
Es un SGBD ligero y de código abierto, enfocado en la simplicidad. Es comúnmente utilizado en aplicaciones embebidas y dispositivos móviles debido a su tamaño compacto y capacidad de operar sin un servidor de bases de datos separado.

- **Ventajas:**
  - Compacto y ligero.
  - Ideal para aplicaciones móviles y embebidas.

- **Desventajas:**
  - No permite accesos múltiples a través de varios usuarios.
  - No admite escritura múltiple debido al bloqueo en operaciones de escritura.

8.4 SQLite 3

El objetivo de esta sección es presentar las características de este sistema gestor de bases de datos desde una perspectiva aplicada a la RPi. Por otro lado, se empleará este SGDB para poner en práctica lo aprendido en cuanto al lenguaje de consulta SQL, a través de un pequeño conjunto de datos inventados para esta ocasión. Por último, aunque SQLite3 se puede usar completamente a través del terminal, en esta sección se presentará una aplicación, entre las muchas que existen, que ayudará a su uso de un modo más intuitivo.

SQLite3 es un motor de base de datos sin servidor y sin configuración, lo que significa que no requiere de una compleja configuración para comenzar a emplearlo.

Es especialmente útil y empleado en aplicaciones de *software* embebido, así como en proyectos que requieren de una base de datos ligera y fácil de implementar.

8.4.1   Características de SQLite3

- **Fichero único:** cada base de datos se almacena en un único archivo.
- **Tipado dinámico:** no es necesario definir el tipo de dato de los campos de una tabla. A diferencia de otros motores de bases de datos (SQLServer, MySQL, PostgreSQL, etc.) que requieren la definición del tipo de dato de cada columna (tipado estático), SQLite3 permite que una misma columna almacene diferentes tipos de datos, como `integer`, `real` o `text`, sin problemas.
- **Registros de longitud variable:** no se necesita fijar una cantidad de espacio para cada fila. En otros motores SQL, el tamaño es estático; por ejemplo, si una columna se declara como `varchar(50)`, el motor reserva 50 *bytes* para todas las filas, sin considerar la cantidad real de información almacenada.
- **Tipos de datos soportados:** SQLite3 permite los cuatro tipos de datos principales que se resumen en la tabla siguiente:

Tipo en SQLite	Descripción
TEXT	Cadenas de texto almacenadas usando la codificación de la base de datos (UTF-8, UTF-16BE o UTF-16LE).
INTEGER	Números enteros con signo, almacenados en 1, 2, 3, 4, 6 u 8 bytes, según la magnitud del valor.
REAL	Números en punto flotante, almacenados en 8 bytes.
BLOB	Para almacenar datos binarios, como imágenes, archivos, etc.

Tabla 8.6: Tipo de datos soportado por SQLite3

- **Volúmenes de trabajo:** SQLite3 es ideal para trabajar con volúmenes pequeños o medianos de información de forma ágil y eficiente. Puede manejar bases de datos de hasta 2 *gigabytes* sin inconvenientes.
- **Seguridad:** SQLite3 no cuenta con un mecanismo de autenticación incorporado. Esto significa que cualquiera puede acceder a la base de datos.
- **Sin servidor:** No requiere una arquitectura cliente/servidor para funcionar. SQLite3 no es un proceso independiente, sino que su biblioteca se enlaza con el programa principal, convirtiéndose en una parte integral del mismo. Esto reduce la latencia en el acceso a la base de datos, ya que las llamadas a funciones son más eficientes que las comunicaciones cliente-servidor.
- **Mono usuario:** No permite concurrencia de conexiones. Si un usuario está modificando datos, otros no podrán hacerlo hasta que se completen las operaciones del primero.

- **Aplicaciones de poco tráfico:** SQLite3 está diseñado para aplicaciones con tráfico bajo o medio. Esto representa una limitación en aplicaciones modernas con tráfico alto.
- **Utilidad:** SQLite3 se utiliza comúnmente en:
    - Desarrollo de pequeñas aplicaciones independientes.
    - Proyectos que no requieran mucha escalabilidad.
    - Lectura y escritura directa desde el disco.
    - Desarrollos básicos y pruebas como paso previo a un SGBD más potente.

8.4.2   Descarga e instalación

SQLite3 ya está disponible en el SO proporcionado para la RPi. No obstante, si se quisiera instalar en un sistema nuevo, se podría hacer así:

```
sudo apt install SQLite3 SQLite3-tools
```

Además de la utilidad para crear bases de datos SQLite3, también se encontrarán un par de utilidades más: SQLitedif, la cual muestra las posibles diferencias entre dos bases de datos SQLite, y SQLite_analyzer, la cual devuelve una serie de métricas de rendimiento de la base de datos que se está analizando. SQLite3, la utilidad que se va a utilizar en este libro, es una librería compacta y autocontenida de código abierto y distribuido bajo dominio público, en lenguaje C, que implementa un sistema gestor de bases de datos SQL embebido, rápido autónomo y de alta confiabilidad.

Podemos comprobar su funcionamiento llamando al comando SQLite3 desde el terminal. Debe salirnos algo como lo siguiente:

```
SQLite version 3.37.2 2022-01-06 13:25:41
Enter ".help" for usage hints.
Connected to a transient in-memory database.
Use ".open FILENAME" to reopen on a persistent database.
SQLite>
```

Podemos salir de la interfaz con CTRL+D.

8.4.3   Operaciones sobre la base de datos SQLite3

Una vez instalado y configurado SQLite3, ya se está en disposición de poder hacer uso de ella. En esta sección se va a hacer uso del terminal para llevar a cabo las tareas correspondientes. Más adelante verá una herramienta para hacer uso de ella de un modo más "amigable".

Crear una base de datos es algo muy sencillo en SQLite3, es suficiente con llamar a la aplicación, SQLite3, seguido del nombre de la base de datos que se quiere crear (terminado con su extensión, .db). Suponga que desea crear una base de datos de nombre *praticas.db*:

```
SQLite version 3.37.2 2022-01-06 13:25:41
Enter ".help" for usage hints.
SQLite>
```

Si no se hace ninguna operación sobre ella, como crear una tabla, no se habrá generado el fichero *practicas.db*. Esto quiere decir que, si cierra la aplicación con CTRL+D, no se habrá generado el .db correspondiente. En cambio, si se crea alguna tabla y la aplicación es cerrada, se podrá comprobar, en el directorio en el cual está abierto el terminal, que existe un fichero con extensión .db con su nombre correspondiente. En adelante, si quisiéramos realizar alguna operación sobre dicha base de datos, solo tendríamos que llamarla a través de SQLite3.

Una vez creada la base de datos, los siguientes pasos serán trabajar sobre ella. A continuación, van a ser mostradas y explicadas las diferentes acciones/operaciones que se pueden hacer sobre este tipo de bases de datos. Para ello, se va a trabajar sobre un pequeño caso de uso, donde se manejará la gestión de un garaje. Para ello, se darán de alta 3 tablas (garaje, vehículo, propietario y tipo). El objetivo será controlar los vehículos aparcados en dicho establecimiento, permitiendo añadir, eliminar, actualizar, etc. vehículos bajo demanda. No solo se almacenará la información del vehículo, también la información del propietario de dicho vehículo.

Creación de tablas

Una vez creada la base de datos, el primer paso será agregar todas las tablas necesarias para el desarrollo de nuestra actividad: garaje, vehículo, propietario y tipo. Antes de proceder con la creación, se exponen algunas buenas prácticas para nombrar tablas y columnas.

- **Nombre de las tablas:**
  - Usar sustantivos en minúscula y en singular.
    Ejemplos: empleado, coche, estudiante.
  - Si el nombre requiere dos palabras, separarlas con un guion bajo.
    Ejemplo: fecha_nacimiento.
- **Nombres de las columnas:**
  - Usar sustantivos en minúscula y en singular.
    Ejemplos: nombre, descripcion, color.
  - Para nombres compuestos, usar un guion bajo como separador.
    Ejemplos: fecha_nacimiento, nombre_producto.

- **Claves primarias:**
  - Nombrarlas como `id` en cada tabla.
  - Deben ser de tipo numérico, autoincrementales y no aceptar valores nulos.
- **Claves foráneas:**
  - Nombrarlas con un sustantivo compuesto formado por el nombre de la tabla de origen (en minúscula y singular) seguido del sufijo `_id`.
  - Ejemplos: `empleado_id`, `coche_id`.

No existe una norma universal sobre cómo nombrar tablas y columnas, por lo que puede encontrar referencias que difieran de lo aquí propuesto; por ejemplo, algunos autores sugieren que el nombre de las columnas comience con las tres primeras letras del nombre de la tabla, seguidas del nombre de la columna. Ejemplo: `veh_modelo`. Esto no significa que una u otra convención sea incorrecta. A continuación, se describen las columnas y características de las cuatro tablas mencionadas (`garaje`, `vehículo`, `propietario`, `tipo`). Se incliye un Entity Relationship Diagram (ERD), que permitirá visualizar la información de cada tabla.

garaje		
Nombre columna	**Descripción**	**Tipo dato**
id	*Primary key*	INTEGER
n_plaza	Número de plaza de aparcamiento	INTEGER
vehiculo_id	*Foreign key*. Identificador único de vehículos.	TEXT
vehiculo		
id	*Primary key*	INTEGER
matricula	Número de matrícula	INTEGER
marca	Marca del vehículo	TEXT
modelo	Modelo del vehículo	TEXT
tipo	Tipo de vehículo	INTEGER
propietario_id	*Foreign key*. Identificador único del propietario	INTEGER
propietario		
id	*Primary key*	INTEGER
dni	DNI del propietario	TEXT
apellido	Primer apellido del propietario	TEXT
nombre	Nombre del propietario	TEXT
propietario_id	*Foreign key*. Identificador único del propietario	INTEGER
tipo		
id	*primary key*	INTEGER
nombre	Descripción del tipo de vehículo	TEXT

Tabla 8.7: Resumen de la base de datos llamada *garaje*

En la figura 8.4 se puede apreciarse el esquema ERD correspondiente a las tablas y relaciones entre ellas que van a ser creadas.

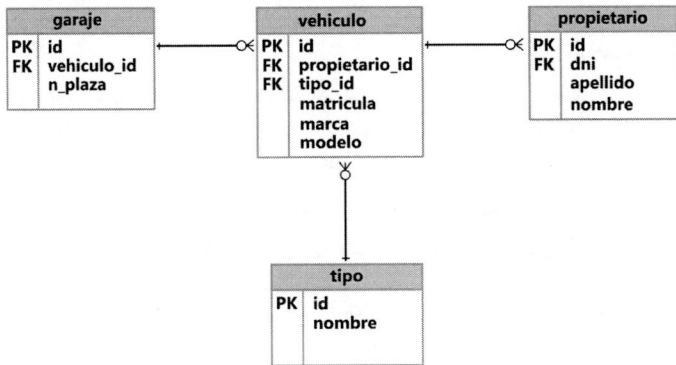

Figura 8.4: Diagrama ERD de la base de datos de estacionamiento de vehículos

La finalidad de este tipo de diagramas es mostrar de un modo visual las entidades, sus relaciones, así como los atributos y la información crítica de cada una de ellas. En el caso del ERD de la base de datos de estacionamientos, la información que se puede extraer serán los atributos de cada una de las entidades; es decir, las columnas de cada una de las tablas y, por otro lado, las relaciones entre las mismas, así como la identificación de las *primary keys* (PK) y *foreign keys* (FK).

Para la generación de este ERD se ha empleado una herramienta *online* y gratuita (moqups - https://app.moqups.com), cuyo manejo es muy sencillo. De hecho, como parte de la documentación de esta herramienta, se presentan una serie de ejemplos, editables, los cuales pueden servir como base para el diseño de nuevos esquemas.

Una vez esbozada la base de datos, a nivel de tablas y relaciones, se va a proceder a crear dicha base de datos, en adelante *estacionamientos*, y a dar de alta las 4 tablas y sus relaciones. Se va a partir de la premisa de que la base de datos no existe; es decir, el fichero *estacionamientos.db* no existe en ningún directorio de nuestro equipo.

Primero, se lanzará la aplicación SQLite3 a través de un terminal, indicando el nombre de la nueva base de datos.

```
SQLite3 estacionamientos
```

Luego, se crearán las tablas a través del terminal. Para ello, tendrá que ser empleado el lenguaje de consulta SQL. La creación de las tablas debe comenzar a partir de aquellas tablas independientes; es decir, no tienen una clave foránea a otras tablas. En el escenario de ejemplo: *tipo* y *propietario*.

Para habilitar la seguridad ante borrado o modificado de elementos *foreign keys*, se deberá hacer lo siguiente:

```
PRAGMA foreign_keys = ON;
```

Código 70: Activación de la seguridad para *foreigns keys*

Con la siguiente orden, crearemos las tablas:

```
CREATE TABLE tipo(
        id INTEGER PRIMARY KEY AUTOINCREMENT,
        nombre TEXT);
```

Código 71: Creación de la tabla *tipo*

```
CREATE TABLE propietario(
        id INTEGER PRIMARY KEY AUTOINCREMENT,
        dni TEXT,
        apellido TEXT,
        nombre TEXT);
```

Código 72: Creación de la tabla *propietario*

Hasta aquí la creación de tipo y propietario, ambas tienen la peculiaridad de que no poseen claves foráneas. Cada una de ellas posee una columna, la cual es *primary key*, y sus valores son gestionados automáticamente por la base de datos (AUTOINCREMENT); es decir, cada vez que se añade un registro nuevo a estas tablas, el valor de dicho campo se incrementa en una unidad, con respecto al último que hubiera registrado. Por ello, no resulta posible que los valores para registrar se repitan, a pesar de tener la restricción de ser *primary key*, la cual impide la adición de nuevos valores si estos son repetidos.

A continuación, se van a mostrar las sentencias SQL necesarias para añadir las dos tablas restantes: *garaje* y *vehiculo*.

En primer lugar, creamos la tabla *vehiculo*, con el resto de elementos.

```
CREATE TABLE vehiculo(
id INTEGER PRIMARY KEY AUTOINCREMENT,
propietario_id TEXT,
tipo_id INTEGER,
matricula TEXT,
marca TEXT,
```

```
modelo TEXT,
FOREIGN KEY(propietario_id) REFERENCES propietario(id),
FOREIGN KEY(tipo_id) REFERENCES tipo(id));
```

Código 73: Creación de la tabla *vehiculo*

A continuación, creamos la tabla *garaje* con sus columnas correspondientes:

```
CREATE TABLE garaje(
        id INTEGER PRIMARY KEY AUTOINCREMENT,
        vehiculo_id INTEGER,
        n_plaza INTEGER,
        FOREIGN KEY(vehiculo_id) REFERENCES tipo(id));
```

Código 74: Creación de la tabla *garaje*

En estas últimas tablas se presenta el concepto de clave foránea, *Foreign Key*, en su definición. En primer lugar, es necesario definir la columna como tal y, a posteriori, se define la restricción de que la columna en cuestión es clave foránea, a la vez que se indica la relación con la tabla en cuestión; por ejemplo, en la tabla vehiculo en la última línea de la definición de dicha tabl,a se indica que tipo_id es clave foránea (FOREIGN KEY(tipo_id)) y que hace referencia a la columna id de la tabla tipo (REFERENCES tipo(id)).

Llegados a este punto, cuando se cierre SQLite3, a través del terminal, ahora sí se habrá generado un fichero de nombre estacionamientos.db en el directorio sobre el cual se esté trabajando.

Advertencia

La sintaxis de SQL puede escribirse tanto en mayúscula como en minúscula. Cada vez que se introduce un *intro*, se está introduciendo un salto de línea; lo que no quiere decir que se vaya a ejecutar la línea en cuestión. Para que esto ocurra, que se ejecute una sentencia o conjunto de ellas, es necesario introducir un punto y coma (";") y, a posteriori, introducir un intro.

Inserción de datos

En esta sección, se va a explicar cómo insertar datos en una base de datos SQLite3, en la base de datos *estacionamiento* y usando el lenguaje de consulta SQL, ya visto en apartados anteriores. La idea es insertar un conjunto reducido de datos en cada una de las tablas, con los que poder seguir trabajando en los siguientes apartados; por ejemplo, aquí insertamos tres tipos de vehículo en la tabla *vehículo*:

```
INSERT INTO tipo (nombre) VALUES
        ('Coche'),
        ('Moto'),
        ('Bicicleta');
```

Código 75: Adición de tres datos en la tabla *tipo*

Cabe recordar que la tabla *tipo* tiene un par de columnas (*id* y *nombre*); sin embargo, al insertar los datos, solo se han hecho los correspondientes al nombre. La columna *id* se habrá completado automáticamente con un valor autoincremental gestionado por el propio SGDB. Cuando se vea la sentencia correspondiente a la consulta (SELECT), se comprobará este hecho; es decir, los valores, *ids*, que la base de datos ha asignado a cada uno de los nombres insertados.

Por otro lado, cabe resaltar de este ejemplo, y que aplica a todos, los nombres de las columnas para las que deseamos insertar datos, van encerradas entre paréntesis, y el orden es importante. Los valores que insertar coinciden en orden con los nombres de las columnas encerradas entre paréntesis. Véase esto último con el ejemplo de inserción de datos para la tabla propietario.

```
INSERT INTO propietario (dni, apellido, nombre) VALUES
        ('12345678', 'Gomez', 'Juan'),
        ('87654321', 'Perez', 'María'),
        ('55555555', 'Lopez', 'Carlos'),
        ('99999999', 'Reina', 'Beariz'),
        ('77777777', 'Díaz', 'Rosa');
```

Código 76: Adición de cuatro datos en la tabla *propietario*

Los valores que se insertarán en la columna *dni* serán los primeros de la tupla que aparecen a continuación del VALUES; es decir, *12345678*, *87654321* y *55555555*, respectivamente, para cada uno de los registros. Si en lugar de insertar ('12345678', 'Gomez', 'Juan') lo hiciéramos como: ('Gomez', '12345678', 'Juan'), en la columna *dni* se estaría insertando 'Gomez' mientras que en la columna *apellido* se estaría insertando '12345678'. Si por el motivo que fuera se quisiera insertar como en el último ejemplo, es decir: ('Gomez', '12345678', 'Juan'), bastaría con modificar la sentencia de inserción, pasaría a ser: *apellido*, *dni*, *nombre*; es decir, quedaría como INSERT INTO propietario (apellido, dni, nombre), en lugar de INSERT INTO propietario (dni, apellido, nombre).

En cuanto a la tabla `vehiculo`, un conjunto de datos que insertar podría ser el que
se muestra a continuación:

```
INSERT INTO vehiculo (propietario_id, tipo_id, matricula, marca,
↪ modelo) VALUES
       (1, 1, 'ABC1234', 'Renault', 'Koleos'),
       (2, 1, 'XYZ4567', 'Honda', 'Jazz'),
       (3, 1, 'XYZ1234', 'Ford', 'Mondeo'),
       (4, 2, 'AAA6789', 'Ducati', 'Desertx'),
       (5, 2, 'BBB2345', 'Piaggio', 'Liberty');
```

Código 77: Adición de cinco datos en la tabla *vehiculo*

Ten en cuenta que no se podrá insertar ningún registro cuyos campos *propietario_id*
y *tipo_id* no estén ya registrados en las tablas propietario y tipo, a través de las
columnas id, respectivamente. Si en la tabla propietario no tiene registrado ningún
id con valor 7, en la tabla vehiculo no podrá insertar un registro cuyo valor de la
columna *propietario_id* valga 7: dado que la columna *propietario_id* es una clave
foránea referenciada a la columna id de la tabla propietario. La misma situación se
da para la columna *tipo_id*, pero esta columna está referenciada a la tabla tipo, en
concreto a la columna *id*.

Podemos ver cómo se inserta un conjunto de datos en la tabla *vehículo*:

```
INSERT INTO garaje (vehiculo_id, n_plaza) VALUES
       (1,101),
       (2,102),
       (3,103),
       (4,103),
       (5,103);
```

Código 78: Adición de cinco datos en la tabla *garaje*.

En este caso no se podrá dar de alta un registro, en la tabla *garaje*, el cual contenga
un valor de la columna *vehiculo_id* que no esté registrado en la tabla *vehiculo*, en
concreto en la columna *id*. Trataremos de dar de alta un nuevo registro en *garaje*
cuyo *vehiculo_id* no esté contenido en la tabla *vehiculo*, por ejemplo, 7:

```
       INSERT INTO garaje (vehiculo_id, n_plaza) VALUES
       (7,101);
```

Código 79: Adición de un dato con FK *id* inexistente en la tabla *garaje*

Al tratar de insertar un dato, en *vehiculo_id*, el cual no existe en la tabla *vehiculo*, estando referenciada la columna *vehiculo_id* con *id* de *vehiculo*, el resultado es que el SGDB devuelve un mensaje indicando la violación de dicha restricción:

```
Runtime error: FOREIGN KEY constraint failed (19)
```

Consulta de los campos de una tabla

Ya se ha definido esta sentencia en la sección donde se explica el lenguaje de consulta SQL; ahora es momento de ponerlo en práctica sobre el ejemplo que se viene trabajando. Consultemos todos los propietarios de vehículos con el comando SELECT:

```
SQLite> SELECT * FROM propietario;

1|12345678|Gomez|Juan
2|87654321|Perez|María
3|55555555|Lopez|Carlos
4|99999999|Reina|Beatriz
5|77777777|Díaz |Rosa
```

Sobre este ejemplo, se ha obtenido toda la información de todos los registros de la tabla propietario. Se podría haber filtrado la información obtenida en la consulta, en términos de columnas y registros. Véase en el siguiente ejemplo. En este caso, se va a obtener solo el *DNI* de aquel propietario que se llame *Juan*:

```
SQLite> SELECT dni FROM propietario
...> WHERE nombre = 'Juan';

12345678
```

El resultado obtenido de esta consulta es, exclusivamente, el *dni* del propietario de nombre *Juan*. En el caso de que hubiera más propietarios de nombre *Juan*, el resultado de la consulta serían los DNI de todos ellos. Son de aplicación los operadores SQL (AND, OR, BETWEEN, etc.) vistos en la introducción al lenguaje de consulta SQL.

Borrado de una tabla

La creación de una tabla no significa que esta deba permanecer en la base de datos de manera perpetua. Puede ser necesario el borrado de una tabla completamente. No obstante, se debe tener cuidado porque el borrado completo de la tabla es irreversibl;, si no se dispone de una copia de seguridad reciente, será imposible recuperar la información. Es necesario tener en cuenta las posibles relaciones que la tabla que se va a borrar tenga con el resto de ellas. De hecho, en caso de que la tabla en cuestión tenga alguna relación con el resto, el SGDB no permitirá su borrado. Véase esto último a través de un ejemplo empleando la base de datos estacionamientos, en el que se trata de eliminar la tabla *propietario*, la cual está relacionada con la tabla *vehículo* a través de su *id*:

```
SQLite> DROP TABLE propietario;
...> Error: FOREIGN KEY constraint failed
```

El SGDB da un error alertando de que no es posible llevar a cabo esa eliminación, por el motivo que se ha mencionado antes. Sin embargo, la tabla *garaje* sí que se podría eliminar dado que no tiene ninguna dependencia con el resto. Sin embargo, la tabla *vehículo*, sí que depende de *garaje*, por ejemplo.

A continuación, una captura de pantalla en la que se lleva a cabo la eliminación de la base de datos estacionamiento completa, tabla a tabla, respetando las relaciones.

```
DROP TABLE garaje;
DROP TABLE vehiculo;
DROP TABLE propietario;
DROP TABLE tipo;
```

Código 80: Eliminación ordenada de las tablas con DROP

Se puede apreciar cómo no se obtiene ningún error al llevar a cabo la eliminación respetando el orden de las dependencias.

En este punto, se va a aprovechar para introducir una nueva sentencia, propia de SQLite3: .table. A través de ella, el SGDB nos devolverá el nombre de las tablas que existen en la base de datos, estacionamiento en este caso. Teniendo en cuenta que se acaban de ejecutar las instrucciones de DROP del ejemplo anterior, esta sentencia (.table) no devolverá nada.

Una vez eliminadas las tablas para poner en uso la sentencia DROP, el siguiente paso será llevar a cabo la creación de las cuatro tablas de la base de datos estacionamiento, tal y como se muestra en los ejemplos 71-72. Una vez creadas las tablas, es oportunidad de poner en práctica el uso de .table:

```
SQLite> .table ...> garaje propietario tipo vehiculo
```

Borrado del contenido de una tabla

A través de DROP se lleva a cabo la eliminación completa de la tabla. Sin embargo, como ya se explicó, para eliminar el contenido de una tabla, es de aplicación la sentencia DELETE, la cual puede eliminar todos los registros de la tabla, o aquellos que se deseen a través de las condiciones correspondientes (utilizando la condición WHERE). Si se ha seguido el guion planteado en este libro, las cuatro tablas sobre las que se viene trabajando estarán vacías por lo que el primer paso será insertar ese pequeño conjunto de datos correspondientes a cada una de las tablas (véanse Códigos 75-78).

En los siguientes ejemplos, se va a proceder al vaciado completo de la tabla garaje, como se muestra en el siguiente Código 81, así como al vaciado de la tabla propietario, incluyendo alguna restricción; en concreto, que el nombre del propietario debe ser *Beatriz* (ver Código 82). Para ello, se ha incluido la condición de que la columna nombre sea igual a *Beatriz*. En este último ejemplo (Código 82) se ha incluido la visualización de la tabla tras la eliminación del registro correspondiente a *Beatriz*, a modo de comprobación de que la eliminación ha surtido el efecto deseado.

```
DELETE FROM garaje;
```

Código 81: Operación DELETE sobre *garaje*

```
DELETE FROM garaje propietario WHERE nombre='Beatriz';
```

Código 82: Operación DELETE + WHERE sobre *garaje*

El resultado sería:

```
SQLite> SELECT * FROM propietario;
1|12345678|Gomez|Juan
2|87654321|Perez|María
3|55555555|Lopez|Carlos
5|77777777|Díaz |Rosa
```

Actualización del contenido de registros

Será posible actualizar el contenido de uno o varios registros, a través de la sentencia UPDATE y las condiciones correspondientes, si las hubiera. En primer lugar, se va a visualizar un ejemplo en el que se hace una actualización de varios registros a la vez. En el segundo ejemplo, se actualizan algunos registros a partir de una condición.

Por ejemplo, se van a actualizar la marca y modelo de todos los vehículos; es decir, se van a actualizar los valores correspondientes a las columnas marca y modelo para todos los registros de la tabla *vehiculo*. En el siguiente código se puede observar la sentencia SQL que realizaría dicha acción. Obsérvese que se están actualizando 2 campos (marca y modelo) por cada registro de la tabla *vehiculo*. Tenga en cuenta que la separación entre los 2 campos que se van a actualizar es una coma, y no el operador and:

```
UPDATE vehiculo set marca='Mercedes', modelo='Clase A';
```

Código 83: Operación UPDATE sobre *vehiculo*

El resultado sería:

```
SQLite> SELECT * FROM propietario;

1|1|ABC1234|Mercedes|Clase A
2|1|XYZ4567|Mercedes|Clase A
3|1|XYZ1234|Mercedes|Clase A
4|2|AAA6789|Mercedes|Clase A
5|2|BBB2345|Mercedes|Clase A
```

También es posible la actualización de algunos registros de la tabla, a tenor de alguna condición; por ejemplo, suponga que quiere actualizar solo aquellos registros de la tabla *propietario* cuyo nombre es Carlos, y quiere modificarle el DNI, y asignarle el valor 66666666, que antes era el 55555555:

```
UPDATE propietario SET dni=66666666 WHERE dni=55555555
```

Código 84: Operación UPDATE + WHERE sobre *propietario*

El resultado sería:

```
SQLite> SELECT * FROM propietario;

11|12345678|Gomez|Juan
12|66666666|Perez|María
13|55555555|Lopez|Carlos
15|77777777|Díaz |Rosa
```

8.4.4 Operaciones con columnas

En este apartado no se va a poner en práctica ninguna sentencia propia de SQL, sino que se va a operar con los valores de varias columnas para ilustrar que es posible trabajar con ellas, a la hora de realizar operaciones matemáticas. Los operadores que permiten realizar operaciones son: + (suma), – (resta), / (división), % (resto de una división) y * (multiplicación).

Para poder llevar a cabo un ejemplo lo más ilustrativo posible, en este punto se va a crear una nueva tabla, la cual representa el *stock* de una tienda, en la cual se almacenan los datos correspondientes al nombre, precio unitario y cantidad de productos. La tabla se llamará *tienda*:

```
CREATE TABLE tienda(
        id INTEGER PRIMARY KEY AUTOINCREMENT,
        nombre TEXT,
        precio_unitario REAL,
        cantidad_stock INTEGER,
        cantidad_demandada INTEGER);
```

Código 85: Creación de la tabla *tienda*

```
SQLite> SELECT * FROM tienda;

1|Producto1|19.99|200|20
2|Producto2|29.99|50|10
3|Producto3|9.99|30|30
4|Producto4|39.99|75|15
```

Una vez creada la tabla de prueba y con algunos datos de prueba, se va a proceder a realizar las operaciones matemáticas sobre ella. Si se quisiera obtener como resultado de una consulta el precio total de cada producto en *stock*, simplemente habría que multiplicar las columnas: *precio_unitario* y *cantidad_stock*:

```
SELECT nombre, precio_unitario*cantidad_stock FROM tienda;
```

Código 86: Multiplicación de columnas de la tabla *tienda*

El resultado sería:

```
Producto1|1999.0
Producto2|1499.5
Producto3|1998.0
Producto4|2999.25
```

Ordenación por criterio

Es posible ordenar el resultado de una consulta SELECT a partir de algún criterio; por ejemplo, siguiendo con el ejemplo mostrado en la tabla tienda, si se quisiera ordenar los productos a partir de los precios unitarios, sería suficiente con añadir la sentencia ORDER BY precio_unitario a la consulta. El resultado sería idéntico, a excepción de que mostraría los resultados ordenados por los precios unitarios, pudiendo ser de manera ascendente o descendente. Por defecto, si no se incluye la preferencia de ordenación (ASC o DESC) se hará de manera descendente:

```
SELECT * FROM tienda ORDER BY(precio_unitario) ASC;
SELECT * FROM tienda ORDER BY(precio_unitario) DESC;
```

Código 87: Ordenacion por columna de la tabla *tienda*

```
3|Producto3|9.99|30|30
1|Producto1|19.99|200|20
2|Producto2|29.99|50|10
4|Producto4|39.99|75|15
```

```
4|Producto4|39.99|75|15
2|Producto2|29.99|50|10
1|Producto1|19.99|200|20
3|Producto3|9.99|30|30
```

Se puede observar el resultado de la sentencia ORDER BY aplicando ambos atributos para la ordenación. Cabe destacar que entre paréntesis después de ORDER BY se incluye la columna por la cual se quiere llevar a cabo la ordenación. Dentro de una misma sentencia, se puede llevar a cabo la ordenación por varias columnas a la vez; por ejemplo:

```
SELECT * FROM tienda ORDER BY(cantidad_stock) ASC, (precio_unitario)
  ↪  DESC;
```

Código 88: Ordenación por varias columnas de la tabla *tienda*

El resultado sería:

```
2|Producto2|29.99|50|10
4|Producto4|39.99|75|15
1|Producto1|19.99|200|20
3|Producto3|9.99|30|30
```

Operadores lógicos

Es posible añadir más de una condición en el operador WHERE; para ello se emplean los operadores lógicos. Su utilización es muy sencilla. A continuación, un ejemplo en el que se muestra la utilización de varios de ellos:

```
SELECT * FROM tienda WHERE nombre='Producto2' or nombre='Producto3';
SELECT * FROM tienda WHERE not nombre='Producto3';
```

Código 89: Aplicación de operadores lógicos sobre la tabla *tienda*

```
2|Producto2|29.99|50|10
3|Producto3|9.99|30|30
```

```
1|Producto1|19.99|200|20
2|Producto2|29.99|50|10
4|Producto4|39.99|75|15
```

Operador BETWEEN

Para trabajar con intervalos de valores. En este ejemplo se está mostrando como resultado de la consulta los datos de aquellos productos que tienen un precio unitario comprendido entre 20 y 40. Ambos valores se incluirían como resultado de la consulta:

```
SELECT * FROM tienda WHERE precio_unitario BETWEEN 20 and 40;
```

Código 90: Aplicación de operadores lógicos sobre la tabla *tienda*

Como resultado, tendremos lo siguiente:

```
2|Producto2|29.99|50|10
4|Producto4|39.99|75|15
```

Operador Unión JOIN

Para explicar el concepto de JOIN sobre SQLite3, se va a volver a trabajar con las
4 tablas con las que se venía trabajando hasta introducir el ejemplo de *garaje*. Por
otro lado, para ilustrar los ejemplos con JOIN se van a insertar otros datos en la tabla
propietario. Véase el nuevo estado de la tabla *propietario*, tras la inserción de varias
personas en ella:

```
    SQLite> SELECT * FROM propietario;
1|12345678|Gomez|Juan
2|87654321|Perez|María
3|55555555|Lopez|Carlos
4|99999999|Reina|Beatriz
5|77777777|Díaz |Rosa
6|77777777|Campos|Ana
7|77777777|Toral|Agustín
```

INNER JOIN

Con esta cláusula, se buscan coincidencias entre 2 tablas, en función de una columna
que tienen en común. La peculiaridad de esta cláusula es que solo muestra como
resultado la intersección entre las 2 tablas; por ejemplo, para las tablas *vehiculo*
y *propietario* mostraría los datos de aquellos vehículos y propietarios que tienen
correspondencia en ambas tablas y, a posteriori, a través de la sentencia SQL
correspondiente:

```
SELECT * FROM vehiculo
INNER JOIN propietario
ON vehiculo.propietario_id = propietario.id;
```

Código 91: Aplicación de INNER JOIN sobre las tablas *vehiculo y propietario*

Se puede apreciar como resultado de la consulta, en la que se incluye la cláusula
INNER JOIN. Se muestran los valores de todas las columnas, a la vez que se puede
apreciar que hay una serie de propietarios que no aparecen como resultado de esta
(Ana Campo y Agustín Toral). Esto se debe a que no tienen registros asociados en
la tabla *vehiculo*:

```
1|1|1|ABC1234|Mercedes|Clase A|12345678|Gomez|Juan
2|2|1|XYZ4567|Mercedes|Clase A|87654321|Perez|María
3|3|1|XYZ1234|Mercedes|Clase A|55555555|Lopez|Carlos
4|4|1|AAA6789|Mercedes|Clase A|99999999|Reina|Beatriz
5|5|1|BBB2345|Mercedes|Clase A|77777777|Díaz |Rosa
```

En el siguiente ejemplo se va a mostrar cómo es posible seleccionar solo algunas columnas de ambas tablas; es decir, no es necesario mostrar todas las columnas:

```
SELECT propietario.nombre, vehiculo.marca, vehiculo.matricula
       FROM vehiculo INNER JOIN propietario
       ON vehiculo.propietario_id = propietario.id;
```

Código 92: Aplicación de INNER JOIN en columnas concretas de las tablas *vehiculo y propietario*

```
Juan|Mercedes|Clase A|ABC1234|
Maria|Mercedes|Clase A|XYZ4567|
Carlos|Mercedes|Clase A|XYZ1234|
Beatriz|Mercedes|Clase A|AAA6789|
Rosa|Mercedes|Clase A|BBB2345|
```

Como resultado se han obtenido los valores *nombre*, *marca* y *matricula* correspondientes a la intersección de ambas tablas, a diferencia del ejemplo visto en el Código 91, donde los valores de todas las columnas eran obtenidos, para todos los registros que conforman la intersección con ambas tablas. Tenga en cuenta que para ello se ha antepuesto el nombre de la tabla a la que pertenece cada columna. Véase *propietario.id* o *vehiculo.marca*.

LEFT JOIN

Se da prioridad a la tabla de la izquierda, y se busca en la tabla de la derecha: si no existiera alguna coincidencia para alguna de las filas de la tabla de la izquierda, se mostrarán todos los resultados de la tabla de la izquierda, basados en el ejemplo de *vehiculo* y *propietario*.

```
SELECT propietario.nombre, vehiculo.marca, vehiculo.matricula
FROM vehiculo LEFT JOIN propietario
ON vehiculo.propietario_id = propietario.id;
```

Código 93: Aplicación de LEFT JOIN en columnas concretas de las tablas *vehiculo y propietario*

```
   Juan|Mercedes|Clase A|ABC1234|
  Maria|Mercedes|Clase A|XYZ4567|
  Carlos|Mercedes|Clase A|XYZ1234|
  Beatriz|Mercedes|Clase A|AAA6789|
  Rosa|Mercedes|Clase A|BBB2345|
```

Se puede apreciar que el resultado es el mismo que para INNER JOIN. Esto se debe a que existe coincidencia entre los valores de la tabla de la izquierda y lo valores de la tabla de la derecha; dicho de otro modo, la intersección de los registros de ambas tablas coincide con los registros existentes en la tabla de la izquierda, y que tienen su equivalencia en la tabla de la derecha.

RIGHT JOIN y FULL OUTER JOIN

Existen algunos SGDB tales como SQLite3 que no soportan ambas cláusulas (RIGHT y FULL OUTER JOIN). Para el caso de RIGHT JOIN, se podría implementar empleando la cláusula LEFT JOIN pero variando el orden de las tablas en la consulta. A nivel de diagramas, sería como se muestra en el Código 94.

```
SELECT propietario.nombre, vehiculo.marca, vehiculo.matricula
FROM propietario LEFT JOIN vehiculo
ON vehiculo.propietario_id = propietario.id;
```

Código 94: Aplicación de RIGHT JOIN en columnas concretas de las tablas *vehiculo y propietario*

```
  Juan|Mercedes|Clase A|ABC1234|
  Maria|Mercedes|Clase A|XYZ4567|
  Carlos|Mercedes|Clase A|XYZ1234|
  Beatriz|Mercedes|Clase A|AAA6789|
  Rosa|Mercedes|Clase A|BBB2345|
  Ana||
  Agustín||
```

Puede observarse cómo hay un par de propietarios (Ana y Agustín), los cuales aparecen como resultado de la consulta pero que, sin embargo, no tienen un valor asociado en la tabla *vehiculo*. Porque se prioriza la tabla de la izquierda frente a la derecha.

## 8.5	Entorno gráfico – DBeaver

Existen herramientas *software* que permiten la gestión más intuitiva y sencilla de este tipo de bases de datos. Con ellas, no es necesario trabajar desde el terminal de Linux o Windows, como se ha hecho hasta ahora. Para este libro se plantea la utilización de DBeaver, dado que se trata de una herramienta bajo licencia de código abierto, esto significa que es gratuito y su código fuente está disponible para que la comunidad lo revise y contribuya. A fecha de creación de este libro, la versión de este *software* es la 23.3.3.

Para la instalación de la versión gratuita, debe descargar el *software* del enlace `https://dbeaver.io/download/` y seleccionar el sistema operativo, y su arquitectura correspondiente (32 o 64 bits). En el SO proporcionado para la RPi, ya se encuentra instalado. Una vez instalado, ábralo, y verá una pantalla como la que aparece en la figura 8.5.

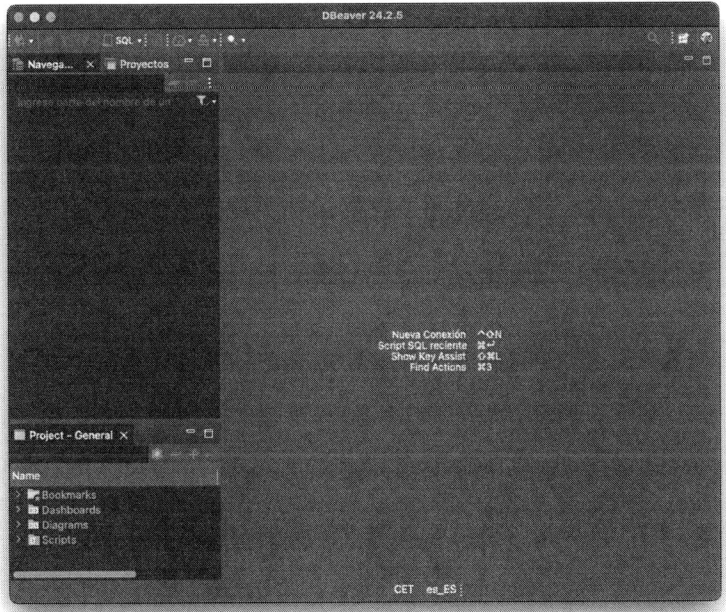

Figura 8.5: Pantalla principal DBeaver

El siguiente paso será crear una conexión; en este caso, a una base de datos SQLite3. En este punto dispone de dos opciones: por un lado, crear una conexión a una base de datos que ya existe, y podrá seguir trabajando sobre ella; en segundo lugar,

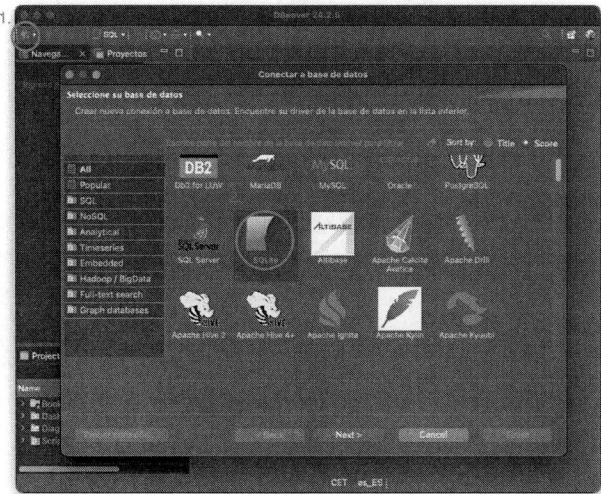

Figura 8.6: Creación de una base de datos

crear una conexión para crear una base de datos nueva. Ambas posibilidades son fácilmente implementables a través del asistente de DBeaver.

8.5.1   Creación de una base de datos a partir de DBeaver

El primer paso será hacer clic sobre el botón del enchufe (1), lo cual significa crear una nueva conexión, para a continuación seleccionar el tipo de base de datos (SQLite) (2). Tras ello, se abrirá una nueva ventana, como se muestra en la figura 8.6, en la que deberemos indicar el nombre del directorio donde se desea almacenar la nueva base de datos, a la vez que el nombre del fichero asociada a ella. Para ilustrarlo, en lafigura 8.7 se ha usado /home/pi, como carpeta que va a contener la base de datos, mientras que esta se va a llamar base_de_datos.

Finalizado el proceso de creación de la base de datos, en el explorador de ficheros de DBeaver podrá observarse el nombre de la nueva base de datos creada, y podrá interaccionar con ella, en términos de operaciones SQL (*create*, *delete*, *select*, etc.). A través de la interfaz SQL, marcada con un rectángulo negro en la figura 8.8, a la vez que para lanzar sus consultas, solo tendrá que definirlas y, a posteriori, pulsar el botón de ejecución, marcado con un cuadrado negro en la figura 8.8.

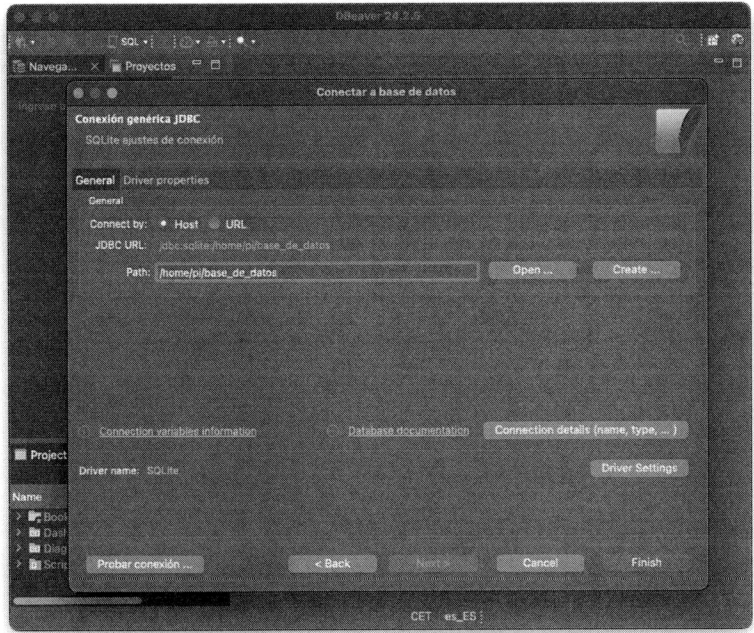

Figura 8.7: Conexión a una base de datos

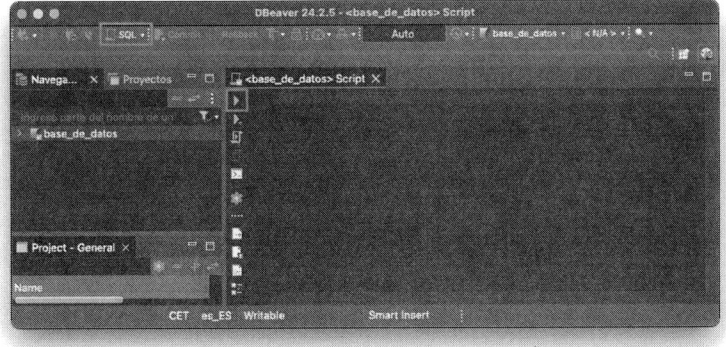

Figura 8.8: Interfaz de *queries* SQL

8.5.2   Conexión a una base de datos existente

Los pasos a seguir son prácticamente los mismos, a excepción de que será necesario buscar el fichero correspondiente a la base de datos, en lugar de crear este, para comenzar a trabajar. Como ejemplo, se va a emplear la base de datos sobre la cual se viene trabajando hasta ahora: estacionamientos. En la figura 8.9, se puede observar el estado de dicha base de datos, en términos de tablas y números de secuencia, que son los objetos con los que se ha ido trabajando a lo largo de este libro.

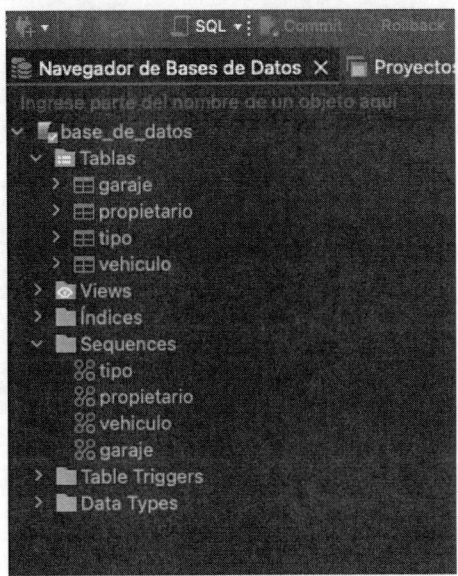

Figura 8.9: Resumen de tablas en la base de datos

8.6   Ejercicios propuestos

Pregunta 8.1   Crea una base de datos con tantas columnas como de sensores disponga el SenseHat. Además, incluye columnas para el día, mes, año, hora y minuto. Crea un programa de ejemplo que lea de esos sensores e introduzca un dato cada 30 segundos.

Pregunta 8.2   Crea una base de datos para un *dataset* de imágenes. Programa la cámara para tomar fotos pulsando un botón. La imagen se guardará en un directorio con un nombre cualquiera. Habrá una base de datos en la que se registre la hora y fecha en la que se tomó la foto y el directorio en otra columna donde rescatar la foto. Diseña entonces una función que, dada dos fechas, devuelva todas las fotos tomadas entre esas dos fechas.

Pregunta 8.3   Amplía la base de datos anterior para usarla para la detección de movimiento. Se guardará una imagen cuando se detecte movimiento con la cámara (véase el capítulo 6). La base de datos será ampliada para guardar ciertas características de la foto: punto máximo y mínimo del recuadro de movimiento, cantidad de movimiento detectado (área del objeto móvil) y fecha y hora de la detección. Solo se guardará una foto por detección para no saturar la memoria.

Pregunta 8.4   Escribe un programa que fusione N tablas de detecciones distintas a partir del ejercicio anterior. Cada tabla será ampliada con un identificador de tabla (que identifica la cámara que tomó la detección, por ejemplo). El programa tomará esas N bases de datos y creará una nueva de datos agregados.

9. Desarrollo de API para IoT

El objetivo de este capítulo es el desarrollo completo de una API (interfaz de programación de aplicaciones, por sus siglas en inglés), que permita la gestión de unos recursos, datos en este caso, basándonos en la implementación de la base de datos del capítulo 8 y de la API REST descrita en el capítulo 7. Se va a desarrollar una herramienta que va a permitir acceder a los datos de una base de datos, para consultarlos o insertar nuevos. Para ello, se van a definir una serie de métodos que permitirán estas operaciones. Este conjunto de métodos serán los que definan a la API.

Para abordar este reto, este capítulo se organiza del siguiente modo: en primer lugar se llevará a cabo una introducción del concepto de API; a continuación, se introducirá el módulo de Python que permite la definición de estas; por último, se llevará a cabo la implementación de una API para el modelo de datos utilizado como ejemplo en el capítulo 7, en base a unas especificaciones que serán definidas como parte de este nuevo capítulo.

Para este capítulo, necesitaremos:

- Raspberry Pi 4 con el SO proporcionado.
- SenseHat para tomar datos reales.

Todos los *scripts* de este capítulo están disponibles en el siguiente repositorio: https://bender.us.es/etsi/AplicacionesRPi, dentro de la carpeta Práctica 5.

9.1 Módulo Flask y SQLAlchemy

Para el desarrollo de esta API, se va a emplear el módulo *Flask* de Python, explicado anteriormente. Uno de los problemas que presenta *Flask* y que podría limitar su utilización es el hecho de que no incluye un ORM (Object Relational Mapper), pero, sin embargo existen módulos en Python que lo implementan y adaptan para trabajar con *Flask*. Un ORM consiste en una herramienta que permite trabajar con las tablas de la base de datos como si fueran objetos. Cada tabla se mapea a una clase, donde cada columna de la tabla se corresponde con un campo/atributo de dicha clase. El módulo `sqlalchemy`, ampliamente usado en este capítulo, nos servirá para traducir una base de datos (sus tablas, columnas, etc.) en objetos que podremos manejar desde Python.

9.2 Desarrollo de la API

En esta sección se va a llevar a cabo el desarrollo de una API RESTFUL con base de datos. La base de datos a emplear será la que se ha definido en el capítulo 8: *estacionamientos*. La API que se va a desarrollar en este capítulo tendrá una doble funcionalidad. En primer lugar, consumir datos –es decir, el usuario obtendrá de ella una serie de datos, atendiendo a una determinada petición–; por otro lado, la inserción de datos en la base de datos. Para conseguir este doble objetivo, se plantearán una serie de especificaciones, agrupadas en dos categorías (V1 y V2).

No podemos perder de vista que el resultado de una petición a cualquiera de los métodos de nuestra API será un JSON (JavaScript Object Notation), que albergará una representación del recurso solicitado, o realizar una determinada acción sobre un determinado recurso.

9.2.1 Servidor Flask

Comenzaremos inicializando una aplicación Flask vacía:

```python
from flask import Flask
# Inicializamos la clase Flask
# app representa al servidor.
app = Flask(__name__)

if __name__ == "__main__":
    # Inicializamos el servidor
    app.run(debug=True, port=5002)
```

Código 95: Servidor Flask sin funcionalidad

En el Código 95 se muestra el código necesario para arrancar el servidor que atenderá a las peticiones del cliente. Se ha decidido utilizar el puerto 5002, pero podría haberse empleado otro cualquiera, siempre y cuando no esté siendo utilizado por el sistema operativo en ese momento. El resultado de la ejecución de este código debería ser el que se muestra en la figura 9.1.

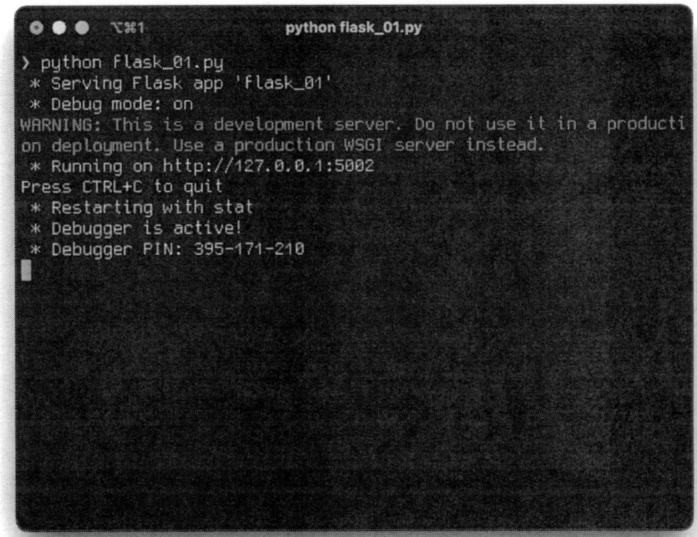

Figura 9.1: Resultado de ejecutar el Código 95

En la figura 9.1 se observa la dirección IP:puerto en el cual está corriendo el servidor, a la vez que se alerta de que se trata de un servidor de desarrollo; por ende, no debe ser desplegado en un entorno de producción. Para comprobar que el servidor está arrancado, se puede hacer una petición. Para ello, desde cualquier navegador dentro de la RPi se puede realizar una petición HTTP a esa IP:Puerto. El resultado se muestra en la figura 9.2. Ejecuta en tu navegador http://127.0.0.1:5002 o http://localhost:5002.

De momento, la respuesta del servidor tiene código 404; esto es, que no se dispone de ningún recurso asignado a esa URL.

Not Found

The requested URL was not found on the server. If you entered the URL manually please check your spelling and try again.

Figura 9.2: Error 404 – Not Found

Advertencia

Podemos acceder a cualquier *endpoint* del servidor Flask si tenemos acceso a la IP sobre la que ha sido desplegado. De esta forma, se puede acceder a sus URIs desde la misma RPi o desde un ordenador/móvil conectado a la misma red local. Para que esto suceda, se debe usar la URI con la IP de la RPi en esa red local.

9.3   Configuración de una base de datos

Se comenzará con la configuración inicial para llevar a cabo la API objetivo de este capítulo mediante la configuración de la conexión a la base de datos. Para ello, escribiremos un primer *script* (db.py) que tiene como finalidad establecer la conexión a los datos, generar la sesión correspondiente para poder trabajar sobre ellos y crear la clase base sobre la cual se construirán el resto de las clases que mapean las tablas de la base de datos[1]. En el Código 96, se puede ver el contenido de db.py. Ten en cuenta que para indicar la ruta y nombre de la base de datos, estacionamientos.db, se hace uso de rutas relativas (por ello se usa '/').

```
from sqlalchemy import create_engine
from sqlalchemy.ext.declarative import declarative_base
from sqlalchemy.orm import sessionmaker

# Punto de entrada a la bbdd
engine = create_engine('sqlite:///estacionamientos.db',
                       connect_args={'check_same_thread':
                       ↪ False})

# Session - generador de sesiones con la bbdd
Session = sessionmaker(bind=engine)
```

---

[1]   Este fichero, junto a la propia base de datos, ya se le proporciona dentro del repositorio que alberga todos los códigos de este capítulo.

```
# seesion - instancia de sesión con la bbdd
session = Session()
# Base - clase base del resto de clases que se crearan
# a partir del mapeo de las tablas en clases
Base = declarative_base()
```

Código 96: *Script* para preparar las clases y subclases de la base de datos – db.py

9.4   Especificaciones de la API REST v1

Saber qué se espera de la API es clave para definir los correspondientes *endpoints* y, en consecuencia, comenzar su desarrollo. A través de las especificaciones expuestas a continuación, y sus correspondientes soluciones, se estará cubriendo uno de los dos objetivos que tiene esta API: la obtención de datos de la base de datos.

A continuación se muestra un listado de 4 especificaciones que debe cubrir la API en su primera versión. Se recomienda que, una vez visualizados y entendidos los códigos, se amplíen con el objetivo de poner en práctica lo aprendido; por ejemplo, trabajando sobre tablas diferentes a las que se trabaja en este apartado:

- E1 – Listado de plazas de garajes. Una funcionalidad que devuelva todos los registros que hay almacenadas en la tabla garaje. Inicialmente esta funcionalidad solo devolverá los datos de la mencionada tabla. Es decir, id, *vehiculo_id* y *n_plaza*. En una especificación futura se planteará proporcionar además información referida a los vehículos.
- E2 – Datos de una plaza de garaje. En la especificación anterior se buscaba obtener el listado de todas las plazas de garaje que haya en la tabla garaje. Ahora, sin embargo, se busca el filtrado a través del identificador de cada registro de la tabla, para obtener exclusivamente los datos asociados a dicho registro.
- E3 – Datos de una plaza de garaje a partir de un identificador de vehículo. Se quiere obtener los datos de una plaza de garaje a partir del identificador del vehículo que allí haya estacionado. No tiene nada que ver el número asignado por la base de datos a cada fila de la tabla (esta operación se hace en E2), con el identificador del vehículo que en ella haya.
- E4 – Listado de plazas de garaje extendido. El objetivo es parecido al esperado en E1. Además de la información de la plaza de garaje, también se espera obtener información relacionada con el coche aparcado en ella.

Las especificaciones anteriores llevan a la definición de una serie de URL que a continuación se muestran, a la vez que se muestran los verbos HTTP necesarios para cubrir con las necesidades requeridas. Tenga en cuenta que en este caso solo se trata de operaciones de lectura sobre la tabla garaje. Por ello, GET es el verbo empleado.

Espec.	Recurso	Verbo HTTP	URI
E1	garajes	GET	`http://IP:5002/garaje`
E2	garajes	GET	`http://IP:5002/garaje/id`
E3	garajes	GET	`http://IP:5002/garaje?vehiculo_id=`
E4	garajes vehícu-los	GET	`http://IP:5002/garaje`

Tabla 9.1: Especificaciones v1 de la API de gestión de aparcamiento

9.5   Implementación de la API REST v1

Una vez establecidas las especificaciones de la API, veremos cómo implementarlo en Python. Para ello, organizaremos los ficheros que van a constituir esta API. Se van a crear un total de 4 ficheros (teniendo en cuenta db.py, ya explicado anteriormente), en esta primera versión. Tenga en cuenta que estos serán ampliados en la mejora de la API que se verá en el siguiente apartado. A continuación se expone cada uno de ellos, junto a la definición de su contenido:

- app.py será el encargado de desplegar el servidor de prueba, a la vez que recibir y atender las peticiones del cliente. Desde este *script*, se llamarán a las funciones definidas en garaje.py.
- modelos.py contendrá las clases asociadas a cada una de las tablas de la base de datos.
- garaje.py contendrá las funciones asociadas a las correspondientes consultas a la tabla *garaje*.

El contenido de cada uno de ellos se irá viendo y completando para dar respuesta a cada una de las especificaciones. Se empezará por modelos.py (véase Código 97), pues será común a todas las especificaciones, e incluirá el mapeo de la tabla garaje en una clase Python (Garaje):

```
import db
from sqlalchemy import Column, Integer, String, Float, Date
# Los modelos son las clases que representan las tablas de bases
↪  de datos
class Garaje(db.Base):
    __tablename__ = "garaje"
```

```
id = Column(Integer, primary_key=True)
vehiculo_id = Column(String)
n_plaza = Column(Integer)

def __init__(self, id, vehiculo_id, n_plaza):
    self.id = id
    self.vehiculo_id = vehiculo_id
    self.n_plaza = n_plaza
```

Código 97: Clase que implementa el mapeo de las columnas de la tabla *garaje* – `modelos.py`

El número de atributos de la clase `Garaje` coincide con el número de columnas que tiene la tabla *garaje*. Observando la definición de la clase, puede comprobarse que en ella se indica el nombre de la tabla que está mapeando (`__tablename__ = "garaje"`). Observa que la primera línea de código corresponde a la importación del contenido de `db.py` (por ello se hace `import db`). Recuerda que este *script* es el que establecía la conexión con la base de datos y, a la vez, creaba la sesión para establecer una comunicación con ella. El contenido de los otros dos ficheros, `app.py` y `garaje.py`, se verá a continuación, a medida que se dé solución a cada una de las especificaciones (E1, E2, E3 y E4). Hay que reseñar que en `app.py` se puede mantener los 3 *endpoints* de prueba incluidos en el apartado anterior o desecharlos. Lo que sí es fundamental, será conservar la creación del servidor web, que se va a encargar de dar respuestas a cada una de las peticiones.

A continuación se irán viendo cada uno de los desarrollos asociados a cada una de las especificaciones.

9.5.1   Listado de plazas de garajes

En el Código 98 se muestra el contenido de `app.py`, el cual mapea la url `/garaje` con la función `get_garajes`, la cual a su vez llama a la función `gar_get_garajes` de `garaje.py`. El atributo `methods` hace alusión a los verbos HTTP que va a atender dicha url. Es decir, si utilizáramos ahora mismo esta URL con el verbo `DELETE`, no funcionaría.

```
def gar_get_garajes():
    # Ejecuta una consulta para recuperar todos los registros
    ↪ de la tabla garaje
    garajes = db.session.query(Garaje).all()
    data = []
```

```
# Se va a construir una lista de diccionarios y cada uno
↳ representa un registro de la tabla
for garaje in garajes:
        data.append({'id': garaje.id,
                'vehiculo_id': garaje.vehiculo_id,
                'n_plaza': garaje.n_plaza
        })


        return (data)
```

Código 98: Implementación de la función `gar_get_garajes` - `garaje.py`

```
from flask import Flask, request, jsonify
from garaje import gar_get_garajes,


app = Flask(__name__)


@app.route('/garaje', methods=['GET'])
def get_garajes():
        return jsonify(gar_get_garajes())


if __name__ == '__main__':
        app.run(host='127.0.0.1', port=5002)
```

Código 99: Implementación del *endpoint* E1 - `app.py`

El objetivo de `gar_get_garajes` no es más que realizar la consulta a la tabla *garaje* y obtener todos los registros que en ella haya. En el bucle *for* se está creando una lista de diccionarios, que será devuelta por esta función, y empleada para generar el JSON en la función `get_garajes` de `app.py`. Esta será la respuesta que reciba el cliente cuando invoque a la URL anteriormente mencionada. En la figura 9.3 se podrá observar el resultado de ejecutar `app.py`, cuando se accede al *endpoint* desde el explorador.

9.5.2 Datos de una plaza de garaje

Con respecto al anterior, este presenta la peculiaridad de que va a recibir un parámetro, y debe filtrar por él como parte de la consulta, con el objetivo de obtener aquellos registros cuyo id coincide con el parámetro de búsqueda. A nivel de app.py, en el siguiente código (Código 100) puede ver la funcionalidad que lo implementa. A diferencia del anterior (Código 99) puede observarse la presencia del

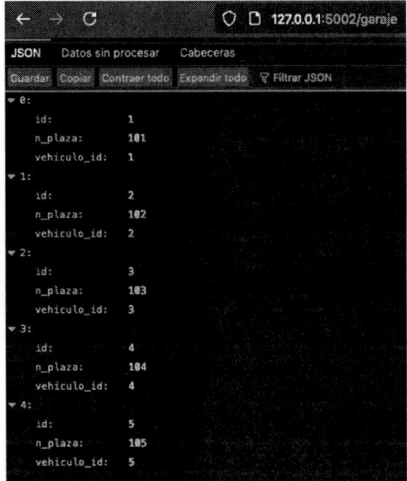

Figura 9.3: Respuesta del *endpoint* E1

id como valor añadido a la URL, que además es empleado como parámetro para la función `get_garajes_by_id` y que, a su vez, sirve como parámetro de entrada para la función `get_garajes_by_id` (véase Código 101) perteneciente a `garaje.py`.

```
@app.route('/garaje/<id>', methods=['GET'])
def get_garajes_by_id(id):
        return jsonify(gar_get_garajes_by_id(id))
```

Código 100: Implementación del *endpoint* E2 – `app.py`

```
def gar_get_garajes_by_id(id_buscado):
        # Garajes es una lista de objetos Garaje con el id
        ↪  buscado
        garajes = db.session.query(Garaje).filter(Garaje.id ==
        ↪  id_buscado).all()
        data = []
        # Se construye una lista de diccionarios con la respuesta
        for garaje in garajes:
                data.append({'id': garaje.id, 'vehiculo_id':
                ↪  garaje.vehiculo_id, 'n_plaza':
                ↪  garaje.n_plaza})
        return data
```

Código 101: Implementación de la función `get_garajes_by_id` - `garaje.py`

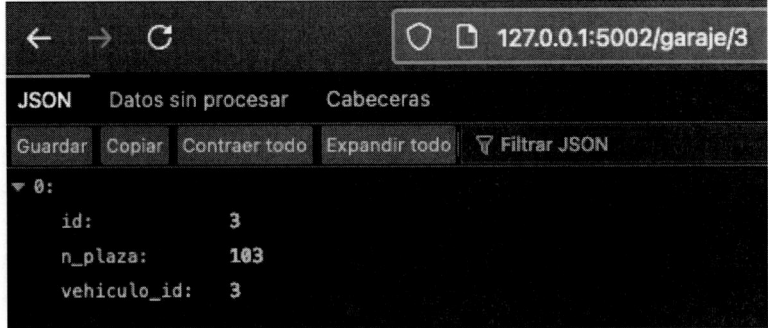

Figura 9.4: Respuesta del *endpoint* E2.

En el Código 101 se observa cómo filtra a partir del atributo *id* de la clase `Garaje` (`Garaje.id`), haciéndolo coincidir con el valor `id_buscado`, que representa al id que se pasa como parámetro a través de la URL. A continuación, puedes ver un ejemplo de petición por parte del cliente, y la respuesta obtenida (véase figura 9.4). Puede comprobar cómo el identificador solicitado a través de la URL corresponde con el `id=3`.

9.5.3 Datos de una plaza de garaje a partir de un identificador de vehículo

La peculiaridad de este desarrollo viene dada porque el criterio de búsqueda viaja como parte de la petición; en concreto, dentro del objeto `request`. Para este desarrollo, se va a reutilizar el ya hecho para dar respuesta al e*endpoint* E1. En el siguiente código (Código 102) se puede ver el contenido de `app.py` que da respuesta a esta especificación. En este caso, el criterio de búsqueda será el `vehiculo_id`, que nada tiene que ver con el identificador del registro, *id*. Para obtenerlo, se toma del objeto `request` (`vehiculo_id = request.args.get('vehiculo_id')`).

En el caso de que ese parámetro viaje en la petición, se llamará a la función `gar_get_garajes_parametros(vehiculo_id)` de garaje. En caso de que ese valor no sea recibido, el funcionamiento sería idéntico al obtenido a través de la especificación E1. Esto se consigue gracias al condicional if que se utiliza dentro de la función `get_garajes`.

```
@app.route('/garaje', methods=['GET'])
def get_garajes():
        vehiculo_id = request.args.get('vehiculo_id')
        if vehiculo_id:
                return
                ↳  jsonify(gar_get_garajes_parametros(vehiculo_id))
        else:
                return jsonify(gar_get_garajes_extendido())
```

Código 102: Implementación del *endpoint* E3 – app.py

```
def gar_get_garajes_parametros(vehiculo_id):
        garajes =
        ↳  db.session.query(Garaje).filter(Garaje.vehiculo_id ==
        ↳  vehiculo_id).all()
        data = []
        for garaje in garajes:
                data.append({'id': garaje.id, 'vehiculo_id':
                ↳  garaje.vehiculo_id, 'n_plaza':
                ↳  garaje.n_plaza})
        return data
```

Código 103: Implementación de la función get_garajes_parametros – garaje.py

La respuesta obtenida por el cliente se puede observar en la siguiente figura. Observe que existe un '?' antes de introducir el criterio de búsqueda (vehiculo_id=5). Podría concatenar varios parámetros de filtrado: estos estarían separados por &. Por supuesto, debería incluir dicha funcionalidad dentro de get_garajes de app.py para que pueda tomar el valor del segundo valor de filtrado, y ser aplicado a la hora de recopilar los datos procedentes de la base de datos.

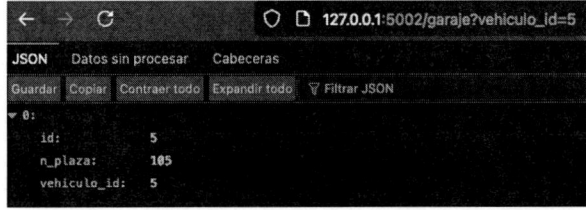

Figura 9.5: Respuesta del *endpoint* E3

9.5.4 Listado de plazas de garaje extendido

La idea ahora es ampliar los resultados obtenidos a través de la E1. Para ello, se ha utilizado la relación que existe entre las tablas *garaje* y *vehiculo*. En cuanto al fichero app.py se va a reutilizar el comportamiento asociado a la URL = /garaje. En el código 104, se puede observar la implementación llevada a cabo en app.py. A diferencia del Código 100, se ha sustituido el último return por la función gar_get_garajes_extendido(), el cual se muestra en el Código 105. El objetivo es hacer un JOIN entre ambas tablas, *garaje* y *vehiculo*, a través del campo que tienen en común ambas tablas: *vehiculo_id* e *id*, respectivamente.

```python
@app.route('/garaje', methods=['GET'])
def get_garajes():
        vehiculo_id = request.args.get('vehiculo_id')

        if vehiculo_id:
                return
                ↪ jsonify(gar_get_garajes_parametros(vehiculo_id))
        else:
                return jsonify(gar_get_garajes_extendido())
```

Código 104: Implementación del *endpoint* E4 - app.py

```python
def gar_get_garajes_extendido():
        # Se hace un join de las tablas Garaje y Vehiculo
        garajes = db.session.query(Garaje, Vehiculo).join(Garaje,
        ↪ Garaje.vehiculo_id == Vehiculo.id).all()
        data = []
        for garaje in garajes:
                data.append({'id': garaje.Garaje.id,
                'vehiculo_id': garaje.Garaje.vehiculo_id,
                'n_plaza': garaje.Garaje.n_plaza,
                'propietario_id': garaje.Vehiculo.propietario_id,
                'marca': garaje.Vehiculo.marca,
                'modelo': garaje.Vehiculo.modelo,
                'matricula': garaje.Vehiculo.matricula
                })
        return (data)
```

Código 105: Función gar_get_garajes_extendido - garaje.py

Cabe resaltar de `gar_get_garajes_extendido()`, que incluye el `JOIN` de ambas tablas, y que a través de Python se consigue como `.join(Garaje, Garaje.vehiculo_id == Vehiculo.id)`. El resultado será el listado de garajes y sus correspondientes datos de vehículos asociados. En el bucle `for`, se ha de resaltar que, para obtener el valor de cada uno de los campos, es necesario indicar el objeto al que pertenecen: `Garaje` o `Vehiculo`.

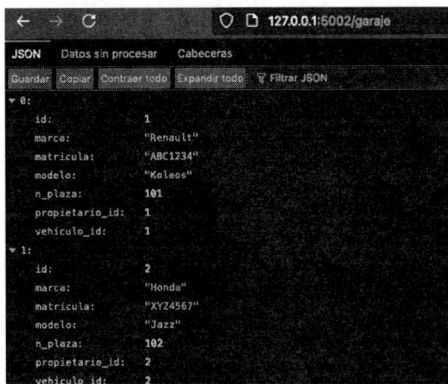

Figura 9.6: Respuesta del *endpoint* E4

El resultado obtenido cuando el cliente haga una petición a esta URL será el que se muestra en la figura 9.6. Ten en cuenta que la imagen muestra una parte de la respuesta, la cual dependerá del número de registros que tenga en la tabla garaje.

9.6   Implementación de la API REST v2

El conjunto de especificaciones que se muestran a continuación tiene como objetivo satisfacer otra de las necesidades de esta API: llevar a cabo la inserción de datos en la base de datos; de forma reducida, registro a registro, o de forma masiva, con varios registros a la vez. Para ello, diseñaremos primero un *endpoint* en el programa app.py. El objetivo será poder añadir un nuevo dato o datos en la base de datos; en concreto, múltiples registros en la tabla *vehiculo*. Luego, para probar dicho servicio, implementaremos un programa cliente a través del módulo requests de Python.

Las especificaciones del nuevo *endpoint* de inserción serán:

Espec.	Recurso	Verbo HTTP	URI
E5	Vehículo	POST	http://IP:5002/vehiculo

Tabla 9.2: Especificaciones v2 de la API de gestión de aparcamiento

9.6.1   Inserción de nuevo dato en tabla

Para conseguir el objetivo de esta especificación, es necesario añadir una nueva ruta en app.py y definir el *script* vehiculo.py. El contenido de este último se muestra en el siguiente código:

```python
from modelos import Garaje, Vehiculo
import db


def veh_add_vehiculo(propietario_id, tipo_id, matricula, marca,
  ↪ modelo):
    vehiculo = Vehiculo(propietario_id, tipo_id,
                matricula, marca, modelo)

    data = {   'propietario_id': propietario_id,
            'tipo_id': tipo_id,
            'marca': marca,
            'modelo': modelo,
            'matricula': matricula
    }
    db.session.add(vehiculo)
    db.session.commit()

    return data
```

```
def veh_add_vehiculos(datos):

    for d in datos:
        vehiculo = Vehiculo(d.get("propietario_id"),
        ↪ d.get("tipo_id"),
                        d.get("matricula"), d.get("marca"),
                        ↪ d.get("modelo"))

        db.session.add(vehiculo)
        db.session.commit()

    return datos
```

Código 106: Función de inserción de datos en la base de datos – `vehiculo.py`

En la función `veh_add_vehiculo`, se está creando un objeto del tipo *vehiculo*, a partir de su constructor `Vehiculo(propietario_id, tipo_id, matricula, marca, modelo)` para, a continuación, añadir a la tabla *vehiculos*, a través de la sesión abierta con la base de datos (`db.session.add(vehiculo)`). Por último, es necesario asentir el cambio mediante la llamada `db.session.commit()`. Como parte de esta función, se genera un diccionario cuyo contenido es la información que ha sido insertada en la tabla. Estos datos serán proporcionado, de nuevo al cliente, a modo de confirmación de que su acción ha sido realizada; se podría haber devuelto cualquier mensaje. Véase a continuación (Código 107) la nueva entrada llevada a cabo en el fichero `app.py`.

```
@app.route('/vehiculo', methods=['POST'])
def add_vehiculo():

    data = request.get_json()

    return jsonify(veh_add_vehiculos(data))
```

Código 107: Implementación del *endpoint* E5 – `app.py`

Se puede observar cómo ahora el atributo method es = POST, lo cual indica que se va a realizar una adición de un nuevo recurso. Además, del objeto que representa a la petición, request, se toma un json (`request.get_json()`).

9.6.2   Creación de un cliente

Ahora, se explicará el desarrollo de una serie de clientes HTTP para el uso de la API del manejo de datos del garaje. Este cliente usará solicitudes de tipo POST para incluir datos en la base de datos y usará los *endpoints* que se han habilitado previamente. Este cliente está desarrollado de una forma muy simplificada, con el fin de que pueda ser reutilizado, y ampliado en cualquier momento. Para poder hacer estas peticiones, se va a hacer uso del módulo `requests`, tal y como se explicó en el capítulo 7. Cada una de las funciones que a continuación se indica se han incluido en un mismo *script* de nombre `cliente.py`.

Solicitud GET con un cliente en Python

Para solicitar con el método GET, se implementa la siguiente función:

```python
def cliente_get(url):
        peticion = requests.get(url)
        # datos --> lista de diccionarios --> Fue creado en
        ↪ gar_get_garajes_extendido
        # o gar_get_garajes
        datos = peticion.json()
        # Para recorrer esa lista, diccionario a diccionario
        for d in datos:
                # d representa a cada diccionario
                print(d)
```

Código 108: Función para tomar un dato mediante GET – `cliente.py`

Es importante resaltar que la respuesta recibida es obtenida en formato JSON; para ello, hace uso del método `.json()`. Por último, recuerde que, cuando construiste la respuesta, en la función definida como `gar_get_garajes_extendido`, se decidió que esta sería una lista compuesta de una serie de diccionarios. Por ello, cuando se recorra el `json`, de nombre `datos`, se obtendrá una consecución de diccionarios.

Solicitud GET con filtros

En este caso, el método GET recibe un segundo parámetro (`params`), el cual representa los parámetros que recibe la petición. Esto es equivalente a lo realizado en el Código 98. En la invocación a la función `cliente_get_filtros` puede ver cómo se pasa la URL que representa al *endpoint*, así como los parámetros. Hay que recordar que debe ser un diccionario, en el cual puede incluir tantas `clave:valor` como parámetros necesite pasar a la petición.

```
# Función encargada de realizar una petición a un
# determinado \textit{endpoint} --> url, aplicando un filtro
def cliente_get_filtros(url, parametros):
        peticion = requests.get(url, params=parametros)
        # datos --> lista de diccionarios --> Fue creado en
        ↪  gar_get_garajes_extendido
        datos = peticion.json()
        # Para recorrer esa lista, diccionario a diccionario
        for d in datos:
                # d representa a cada diccionario
                print(d)


# Para probarlo #
parametros = {"vehiculo_id": 2}
cliente_get_filtros("http://127.0.0.1:5002/garaje", parametros)
```

Código 109: Función para tomar un dato mediante GET con parámetros –
`cliente.py`

Solicitud POST para inserción

En este caso la idea es poder insertar una serie de datos relativos a un conjunto de
vehículos. Para ello, se plantea la función `cliente_insertar`, la cual recibe la URL
del *endpoint*, así como los datos que insertar, como si de un diccionario se tratara.
En el Código 110 puede ver la definición de esta función, en la cual solo se hace
una llamada al método POST de `requests`, y un `print` de comprobación.

```
def cliente_insertar_varios(url, datos):

        # Creamos la peticion HTTP con POST:
        resp = requests.post(url, json=datos)


        # lista de diccionarios
        datos = [{"propietario_id": 3,
                        "tipo_id": 1,
                        "matricula": "1",
                        "marca": "Audi",
                        "modelo": "A3"},
```

```
        {"propietario_id": 1,
            "tipo_id": 1,
            "matricula": "2",
            "marca": "Skoda",
            "modelo": "Rapid"}
    ]


# Para probarlo #
cliente_insertar_varios("http://127.0.0.1:5002/vehiculo", datos)
```

Código 110: Función para insertar un conjunto de datos con POST – `cliente.py`

9.7 Ejercicios propuestos

Pregunta 9.1 Usando la base de datos creada en los ejercicios propuestos del capítulo anterior, crea una API REST para obtener los datos de temperatura y humedad relativa del SenseHat a través de dos *endpoints* de tipo GET. Se debe inyectar en la base de datos un dato cada 30 segundos.

Pregunta 9.2 Implementa un *endpoint* que reciba dos fechas con su hora, minuto y segundo. El *endpoint* deberá responder con todos los datos disponibles entre esas dos fechas. Amplía esta funcionalidad para incluir un parámetro del *endpoint* para seleccionar el sensor en concreto.

Pregunta 9.3 Implementa un cliente gráfico con Tkinter que, mediante un botón (botón de búsqueda) y un selector de fecha (ejemplo disponible en `https://tkcalendar.readthedocs.io/en/stable/example.html`), envíe la solicitud al *endpoint* y se represente en una gráfica con `Matplotlib`.

Pregunta 9.4 Crea una API para el manejo de los GPIO de la RPi. Un *endpoint* de tipo GET deberá poder leer el calor de cualquier pin. Con otro *endpoint* de tipo POST, se deberá seleccionar si un pin es de salida o entrada. Con otro *endpoint* de tipo POST se deberán cambiar los valores de aquellos pines de salida que así lo indiquen en el *payload* del *request*. Crea una base de datos que registre un evento de cambio cada vez que se genera una solicitud. La base de datos tendrá 4 columnas: fecha con hora (tipo STRING), tipo de evento (LEE/CAMBIA/ESCRIBE), identificador del cliente que ha mandado la solicitud (ID) y el valor final del pin que permanece.

Pregunta 9.5 Implementa un cliente para la API anterior y verifica su funcionamiento. Recuerda que es importante probar todos los casos y *endpoints* para validar que el sistema funciona. Implementa una base de datos SQLite3 que registre todos los cambios y estados de los pines GPIO a modo de *changelog*.

IV

RPi e inteligencia artificial

10. Deep learning y visión artificial

En este capítulo se explicarán los principios básicos del aprendizaje supervisado con redes neuronales. Es cada vez más frecuente encontrar modelos basados en redes neuronales en aplicaciones y servicios IoT. Con el avance en las tecnologías de computación basado en procesadores gráficos (GPU) ha permitido universalizar este tipo de soluciones y escalarlas para que puedan ser ejecutadas en dispositivos embebidos. Mediante el uso del módulo PyTorch de Python, aprenderemos a tomar un conjunto de datos anotados, entrenar redes neuronales densas y convolucionales con dichos datos, e integrar el resultado de la optimización en una aplicación para la inferencia en tiempo real con una RPi.

Para este capítulo necesitaremos:

- Una Raspberry Pi con el SO proporcionado.
- Una Raspberry Pi Camera.
- Un ordenador con una distribución de Python.
  Todos los códigos de este capítulo están disponibles en el repositorio `https://bender.us.es/etsi/AplicacionesRPi`, en la carpeta Práctica 6.

10.1 *Machine learning* y *deep learning*

Antes de comenzar la parte práctica, debemos realizar una introducción teórica sobre el aprendizaje automático y el aprendizaje profundo.

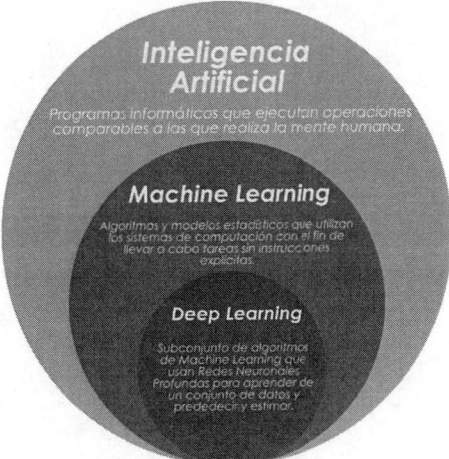

Figura 10.1: Aprendizaje automático y aprendizaje profundo

10.1.1   Introducción al deep learning

El aprendizaje automático o *machine learning* ha adquirido mucha importancia en los últimos años. Varios son los motivos que han hecho posible esta nueva oleada de modelos de aprendizaje automáticos:

- Gran cantidad de datos que tenemos disponibles, los cuales son el combustible de los modelos de aprendizaje automático.
- Gran cantidad de recursos computacionales que tenemos disponibles, CPU con múltiples núcleos, GPU, *clusters*, computación en la nube, etc.
- Lenguajes de programación de alto nivel como Python con un ecosistema de librerías que facilitan la programación de los modelos.

El auge de los algoritmos de aprendizaje automático ha sido dominado mayormente por el aprendizaje profundo basado en las redes neuronales. El aprendizaje profundo está considerado como una subclase del aprendizaje automático (véase figura 10.1). La principal característica del aprendizaje profundo es la cantidad de datos de entrenamiento que requieren comparado con los modelos de aprendizaje automático clásicos. No obstante, en líneas generales, gracias a la plasiticidad y flexibilidad de las redes neuronales, los resultados obtenidos por los modelos de aprendizaje profundo superan con creces los resultados obtenidos por los modelos más clásicos de aprendizaje automáticos, sobre todo en lo que se refiere a visión artificial. Este fenómeno ha inaugurado una década de preponderancia de estos modelos basados en datos (*data driven approaches*) y ha disparado tanto el número de aplicaciones y usos, a la vez que las exigencias computacionales requeridas.

10.1.2 Aprendizaje supervisado y no supervisado

En el ámbito del aprendizaje automático o *machine learning*, los problemas se pueden clasificar de forma genérica en dos tipos: aprendizaje supervisado o aprendizaje no supervisado. En el aprendizaje supervisado, tendremos un conjunto de datos previamente anotado. Esto implica que el modelo de aprendizaje aprenderá a extrapolar el conocimiento dado de un subconjunto de problemas de inferencia ya resuelto. Dentro del aprendizaje supervisado, tenemos dos subproblemas recurrentes, dependiendo del tipo de elemento que se quiere inferir: la tarea de clasificación y la regresión. La clasificación es un tipo de inferencia sobre un conjunto de datos categóricos; por ejemplo, la clasificación de qué elemento se encuentra en una imagen: un perro, un gato, una bicicleta o un coche. Estas *categorías* están predefinidas y cada elemento de entrada pertenecerá, como mínimo, a una de estas. La tarea de inferencia en los clasificadores consiste entonces, en predecir a qué clase pertenece un conjunto de datos de entrada. La regresión es una generalización de la tarea anterior para un intervalo continuo del espacio de predicción. Esto quiere decir que la predicción ya no es una clase o categoría, sino que es un valor numérico; por ejemplo, una tarea de regresión podría consistir en averiguar qué precio de mercado tiene una casa dadas sus características: metros cuadrados, localización, etc.

La figura 10.2 muestra la estructura general de un modelo de aprendizaje supervisado. Una de las principales tareas del aprendizaje supervisado, más allá del entrenamiento del modelo clasificador o de inferencia, consiste en el etiquetado de los datos. Este proceso puede ser tedioso por varias razones: la gran cantidad de datos necesarios para que la red neuronal consiga resultados aceptables o la necesidad del etiquetado manual de cada clase. En general, a el modelo de aprendizaje supervisado se divide en dos etapas (véase la figura 10.2): 1) etapa de entrenamiento y 2) etapa de inferencia. Durante la etapa de entrenamiento, el modelo se ajusta mediante un proceso de optimización. En la fase de inferencia, el modelo hace predicciones con datos que nunca ha visto (no se han utilizado durante el entrenamiento).

El aprendizaje no supervisado es un tipo de enfoque inscrito en el campo del aprendizaje automático que se basa en la capacidad de los algoritmos para identificar patrones y relaciones en los datos sin que se les proporcione información específica sobre lo que deben buscar o cómo clasificar los datos. A diferencia del aprendizaje supervisado, donde se utilizan datos etiquetados (con ejemplos de entrada y salida) para entrenar al modelo, en el aprendizaje no supervisado no hay etiquetas o categorías predefinidas. El objetivo principal de los algoritmos de aprendizaje no supervisado es explorar la estructura subyacente de los datos. Los algoritmos intentan descubrir similitudes, diferencias o correlaciones entre los datos de manera autónoma. Un ejemplo clásico es el *clustering*, donde los datos se agrupan en *clusters* o grupos que comparten características comunes. Esto es útil, por ejemplo, para segmentar clientes en un análisis de marketing sin tener información previa sobre sus hábitos de compra. Otro ejemplo es la reducción de dimensionalidad,

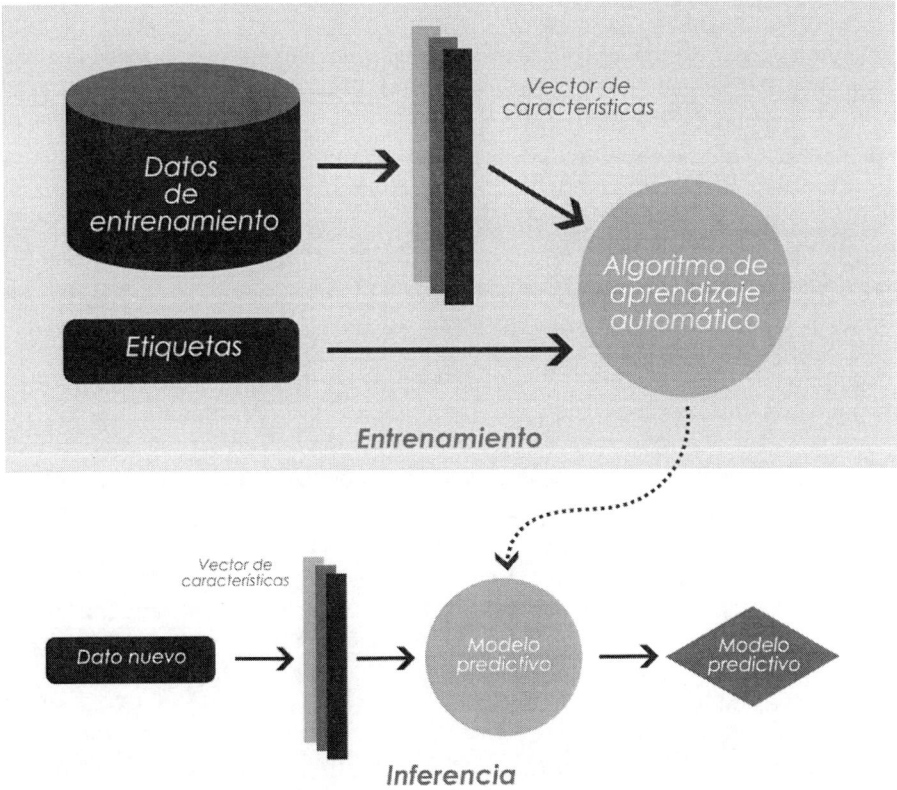

Figura 10.2: Estructura del aprendizaje supervisado

en la que se busca simplificar la cantidad de variables que describen los datos, manteniendo al mismo tiempo la mayor cantidad de información posible. Esta técnica se usa para facilitar la visualización o para mejorar la eficiencia de otros algoritmos.

En este capítulo nos centraremos en el aprendizaje supervisado; en concreto, en los problemas de clasificación de imágenes. Este subconjunto de problemas son un núcleo importante en la visión artificial y muy frecuentes en las soluciones IoT.

10.2   Introducción a las redes neuronales

A continuación, realizaremos una introducción sobre los distintos tipos de redes neuronales que se utilizan en la actualidad.

10.2.1   Perceptrón

Un perceptrón es el modelo más simple de una red neuronal, inspirado en cómo se cree que funcionan las neuronas en el cerebro. Se utiliza principalmente para resolver problemas de clasificación binaria, donde la tarea es clasificar una entrada en una de dos clases posibles. El perceptrón toma un conjunto de entradas $x_1, x_2, \ldots, x_n$; las pondera con pesos $w_1, w_2, \ldots, w_n$, y luego suma esos valores ponderados. Después de eso, pasa el resultado por una función de activación (en su forma más simple, una función escalón). Matemáticamente, podemos describir el funcionamiento del perceptrón de la siguiente manera:

$$z = \sum_{i=1}^{n} w_i x_i + b$$

Donde: w_i son los pesos asociados a cada entrada x_i, b es el sesgo o bias, que permite ajustar el resultado de la suma ponderada y z es la salida antes de aplicar la función de activación.

La salida final del perceptrón, y, se obtiene aplicando una función de activación $\phi(z)$. En el caso de un perceptrón simple (de una sola capa), la función de activación más común es la función escalón:

$$y = \phi(z) = \begin{cases} 1 & \text{si } z \geq 0 \\ 0 & \text{si } z < 0 \end{cases}$$

En este caso, el perceptrón clasifica la entrada en una de dos categorías: una salida de 1 o una salida de 0, dependiendo de si la suma ponderada de las entradas supera

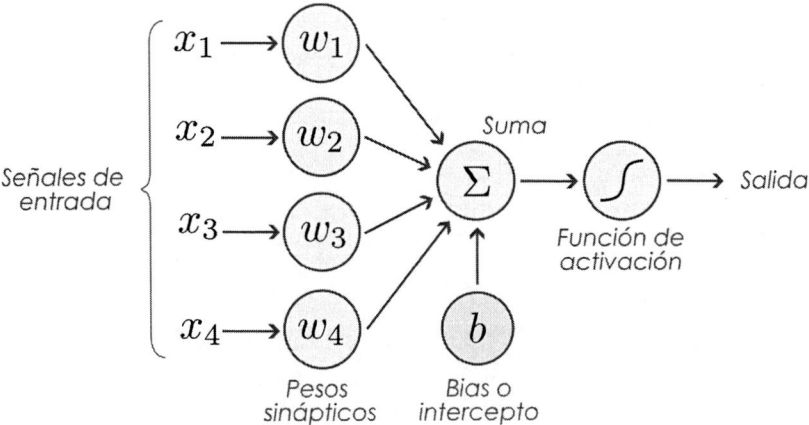

Figura 10.3: Modelo del perceptrón

el umbral definido por el sesgo b. El perceptrón puede aprender ajustando los pesos w_i y el sesgo b mediante un proceso de entrenamiento, generalmente utilizando un algoritmo llamado *regla de aprendizaje del perceptrón*, que ajusta los pesos en función del error entre la salida deseada y la salida obtenida. Sin embargo, un perceptrón simple solo puede resolver problemas que son linealmente separables. Para problemas más complejos, se requiere el uso de redes neuronales con múltiples capas, también conocidas como perceptrones multicapa.

10.2.2 Redes densas

Este tipo de redes neuronales se caracteriza por el uso de más de una capa de neuronas puestas de forma consecutiva, una continuación de la otra. Si las conexiones entre las capas únicamente se dan hacia capas posteriores a ella, se habla de redes con conexiones hacia delante o *feedforward*, ya que las capas de este tipo de redes no tienen conexiones hacia capas anteriores. Un ejemplo de estas redes podría ser el perceptrón multicapa. El perceptrón multicapa (*multi-layer perceptron* o MLP) es una red neuronal que utiliza un número N de perceptrones en cada capa y se interconectan entre sí elemento a elemento. Normalmente su estructura es de 3 capas (ver Figura 10.4):

- **Capa de entrada:** primera capa de la red por la que se introducen las variables de entrada del exterior x_i. La capa de entrada está constituida únicamente por el conjunto de datos de entrada, no por pesos ni parámetros.
- **Capas ocultas:** están entre la capa de entrada y la capa de salida. Cada una puede tener un número distinto de neuronas. En las redes densas, la salida de cada neurona de cada capa oculta y se propaga a cada neurona de la capa siguiente, formando una red completamente conectada (*fully-conected*).

- **Capa de salida:** esta capa está compuesta por tantas neuronas como variables de predicción tenga el problema de clasificación o regresión. En los clasificadores neuronales, se suele imponer una neurona de salida por cada clase posible. De esta forma, el valor de salida de cada neurona sirve para indicar el peso o *fuerza* de esa clase con respecto a las demás, dado un dato de entrada.

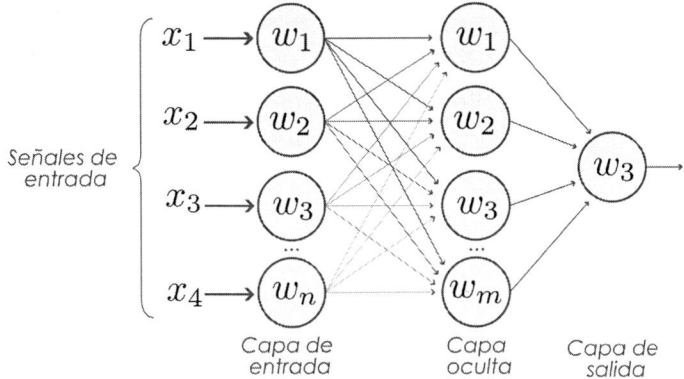

Figura 10.4: Estructura red multi-capa

Normalmente, el número de neuronas que componen cada capa se va reduciendo conforme avanzamos de izquierda a derecha en la red. La idea es que las primeras capas capturan características más generales de los datos y las siguientes redes utilizan los resultados de las primeras capas para obtener características de más alto nivel.

10.2.3 Funciones de activación

La función de activación permite que las redes neuronales sean capaces de modelar funciones no lineales en clasificación o regresión, además de escalar y acotar los valores de salida de cada neurona. Como se observa en la figura 10.3, la función de activación se encuentra a continuación de la operación lineal entre los parámetros de entrada de la neurona. Es conveniente que las funciones de activación sean derivables para poder calcular los gradientes. Esto es clave en la optimización de los parámetros de la red neuronal. Dos funciones de activación muy frecuentes en clasificadores son la función Sigmoide (véase figura 10.5a) o la función ReLU (véase figura 10.5b).

10.3 Entrenamiento de una red neuronal

El primer paso para entrenar cualquier modelo de aprendizaje automático o red neuronal es realizar una **división de los datos etiquetados** que se tienen disponible.

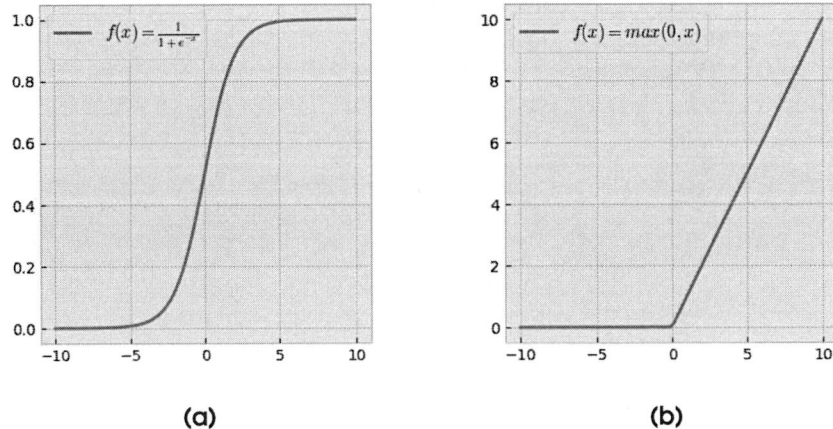

(a)   (b)

Figura 10.5: Función de activación Sigmoide (a) y ReLU (b)

Este conjunto se denomina *dataset*. Normalmente la división se realiza en tres partes, tal y como se muestra en la figura 10.6:

- **Datos de entrenamiento:** son los datos con los que se entrena el modelo. Suele ser el 60 o 70% de los datos disponibles. Es altamente recomendable que la cantidad de datos por clase esté balanceada para evitar que el modelo tienda a sobre-considerar una clase por encima de otra.
- **Datos de validación:** son los datos con los que se ajustan los parámetros de entrenamiento del modelo, como el *batch size*, el *learning rate*, etc. Como se verá en las siguientes secciones, las redes neuronales tienen numerosos parámetros de funcionamiento como estos. Si queremos realizar una metaoptimización podemos utilizar los datos de validación para ver cómo afecta cada uno de los hiperparámetros en el resultado del modelo. Igualmente, si tenemos varias arquitecturas de red neuronal que queremos comparar, dicha comparación la debemos realizar utilizando los datos de validación. Nunca se debe utilizar los datos de entrenamiento para esta operación de ajuste del modelo, ya que estaríamos introduciendo un sesgo dependiente de los datos de entrenamiento. Para la validación del modelo se suelen utilizar el 20 o 30% respecto de los datos disponibles.
- **Datos de test:** los datos de test se utilizan para mostrar los resultados finales del modelo. Son datos que nunca ha visto la red neuronal en ninguno de los pasos anteriores. Normalmente se utilizan el 15 o 20% de los datos disponibles. Este conjunto de datos dará el desempeño final de nuestro modelo.

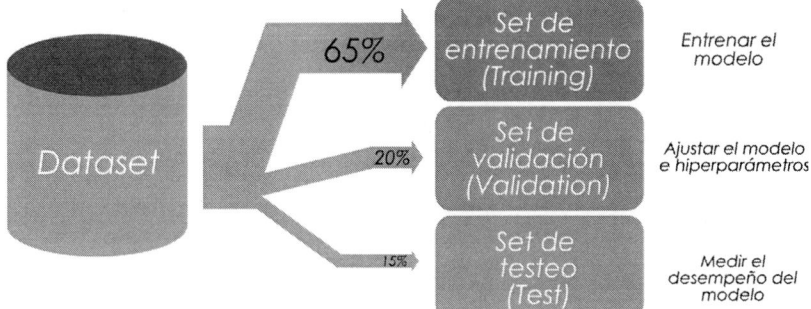

Figura 10.6: Procedimiento de división de los datos para entrenamiento, validación y test del modelo

El entrenamiento de una red neuronal se puede dividir, de forma general, en varios pasos:

1. Los pesos de la red se inicializan de manera aleatoria. Existen algunas técnicas de inicialización de los pesos que pueden producir mejores resultados.
2. Los datos de entrenamiento se van pasando por la red neuronal divididos en lotes (*batches*). El tamaño del lote óptimo se debe elegir, pero normalmente se utilizan valores de 32, 64, 128, etc. Al pasar los datos por la red, se producirá un conjunto salidas que se compararán con las etiquetas de dichos datos para saber si el resultado es correcto o no. Seguidamente, se utiliza en una función de coste que mide la calidad del resultado.
3. Actualizamos los pesos de las neuronas. A este paso se denomina *backpropagation* y consiste en actualizar los pesos de las neuronas en función de su contribución en el resultado. La idea es que, si una neurona ha contribuido en la predicción correcta del resultado, el peso de dicha neurona aumente. La explicación en detalle de la técnica de *backpropagation* está fuera del alcance de este capítulo, pero el mecanismo se basa en utilizar la regla de la cadena de derivación: desde la función de coste hacia atrás, hasta la primera capa.
4. Los pasos 2 y 3 se repiten hasta que todos los datos de entrenamiento pasan por la red neuronal y contribuyen al ajuste de los pesos. El parámetro *epoch* (lo veremos más adelante) determina el número de veces que los datos de entrenamiento se utilizan para ajustar los pesos.

Hay que advertir que el entrenamiento de una red neuronal puede ser un procedimiento lento ya que, dependiendo de la cantidad de datos que tengamos y la estructura de red que utilicemos (número de capas y tipo de red), el número de pesos de la red neuronal puede ser muy elevado. Se puede llegar fácilmente a arquitecturas de red con millones de pesos. Es por ello por lo que en este capítulo el entrenamiento de la red se realizará en el portátil y, una vez entrenada, se describirá el procedimiento para pasar la red neuronal una vez entrenada a la RPi; es decir, en

		Predicción	
		Positivo	Negativo
Realidad	Positivo	Verdadero positivo (VP)	Falso negativo (FN)
	Negativo	Falso positivo (FP)	Verdadero negativo (VN)

Tabla 10.1: Matriz de confusión

la RPi solo se ejecutará la red una vez entrenada. Esto es lo que se conoce como etapa de inferencia de la red y la cantidad de recursos necesarios para esta etapa es mucho menor. No obstante, para arquitecturas de red con muchas capas y neuronal, la etapa de inferencia también puede ser un problema para la RPi.

10.3.1   Métricas de funcionamiento

A continuación, debemos describir cómo vamos a medir la optimalidad de funcionamiento de nuestra red neuronal. Como hemos dicho anteriormente, estamos centrados en problemas de clasificación, por lo que las métricas de funcionamiento deben medir la calidad del clasificador que estamos desarrollando. En primer lugar, debemos introducir la matriz de confusión. En la tabla 10.1, se muestra la matriz de confusión desde el punto de vista teórico; se puede observar que en las filas aparece el valor real de la observación. En cuanto a las columnas, representan la predicción realizada por el modelo.

Con base en los resultados del modelo con respecto a la realidad, podemos tener cuatro resultados:

- **Verdaderos positivos (VP):** la red neuronal nos has devuelto un valor positivo y la realidad es que la clase es positiva. En el ejemplo del clasificador de perros y gatos, este caso representa la situación en la que la foto es de un perro y la red neuronal nos ha dicho que es un perro; es decir, la red ha clasificado correctamente la imagen.
- **Falsos positivos (FP):** la red neuronal dice que la clase es positiva, pero la realidad es que la clase es negativa. Volviendo al ejemplo, sería la situación en la que la red neuronal predice que la foto es de un perro, pero la realidad es que es un gato. La red se ha equivocado.
- **Falsos negativos (FN):** en este caso, la red nos dice que un dato no es de una clase, pero la realidad es que sí es de esa clase. La red neuronal nos dice que la foto no es de un perro, pero sí es la foto de un perro. La red se ha equivocado.
- **Verdadero negativo (VN):** la red nos dice que la clase es negativa y la realidad nos dice lo mismo. La red nos ha dicho que no es un perro (es un gato) y la realidad es que es la foto de un gato. La red ha acertado.

Se puede ver fácilmente que los casos VP y VN son en los que la red neuronal acierta con su predicción y los casos FP y FN son los casos en los que la red falla. En función de la cantidad de predicciones que tenemos en cada uno de los resultados anteriores, se pueden definir las siguientes métricas de funcionamiento:

- *Accuracy*: se define como la relación existente entre el número de predicciones que el modelo ha hecho correctamente frente al número total de predicciones. es la más utilizada si queremos saber si el clasificador funciona correctamente con respecto a las clases que se desean clasificar. Sin embargo, el *accuracy* no trata por igual los FP y FN.

$$Accuracy = \frac{VP+VN}{VP+FP+VN+FN}$$

- *Recall*: en algunas aplicaciones, el uso del *accuracy* puede ser problemático. Imaginemos un clasificador de presencia de tumores: un FN negativo puede ser catastrófico ya que la red neuronal estaría prediciendo que el paciente está sano (no tiene cáncer) cuando realmente tiene un tumor. Para este tipo de aplicaciones se define la métrica *recall*:

$$Recall = \frac{VP}{VP+FN}$$

- *Precision*: hay casos donde queremos centrarnos en reducir los FP; por ejemplo, en un sistema clasificador de buenos clientes (fieles) a quienes se les ofrecen descuentos. En este caso, un FP significa que se le está ofreciendo un descuenta a una persona que en realidad no es un buen cliente. En este caso nos interesa que los FP sean bajos. Para considerar la relación de falsos positivos, se utiliza la métrica *precision*. La precisión mide el cociente de los verdaderos positivos que registra el modelo frente a todas las predicciones positivas de dicho modelo:

$$Precision = \frac{VP}{VP+FP}$$

- *Métrica F1*: la métrica F1 que tiene considera tanto el *recall* como el *precision* y que se define como:

$$F1 = \frac{recall}{precision+recall}$$

10.4　Redes convolucionales

Las redes neuronales convolucionales (*Convolutional Neural Network* o CNN) son unas de las redes más usadas dentro del mundo del *deep learning*. Nacen del estudio de la corteza visual del cerebro (década de los ochenta). Por lo tanto, son un tipo de red neuronal diseñadas específicamente para visión artificial. Su nombre es debido a que dentro de su estructura usan capas de convolución para recibir y procesar datos de imágenes. En este capítulo nos centraremos en las redes convolucionales de dos dimensiones, que son las que se utilizan en los problemas de visión artificial.

Estas redes toman una imagen como entrada a la que se le normalizan los valores de los píxeles. Los colores de los píxeles tienen valores que van de 0 a 255, por lo que antes de alimentar la red se hace una transformación de cada píxel, dividiendo cada valor entre 255, de forma que el valor de todos los píxeles de la imagen quede normalizado entre 0 y 1. La red neuronal convolucional irá reconociendo cada vez formas más complejas a medida que se llegue a capas más profundas dentro de su estructura, hasta que la capa final sea capaz de clasificar y predecir la etiqueta de la imagen de entrada.

La estructura de una CNN suele tener dos partes claramente diferenciadas: en la primera de ellas se produce la extracción de las características o *features* de la imagen y, en la segunda de ellas, se produce la clasificación de la imagen. Se suelen usar principalmente tres tipos diferentes de capas en una CNN: capas de convolución, capas de *pooling* y capas densamente conectadas. Las dos primeras de ellas se encargan de la primera parte (extracción de características). La última, en cambio, se suele encargar de la segunda parte (clasificación). A continuación, se pasa a ver un poco más en profundidad cada una de ellas.

10.4.1　Capa convolucional 2D

Las capas convolucionales son el núcleo de las redes neuronales convolucionales. Estas capas aprenden patrones locales de la imagen de entrada en pequeñas ventanas de dos dimensiones. Su objetivo principal es, por tanto, detectar características y rasgos visuales en las imágenes tales como aristas, bordes, etc. De esta forma, una vez una característica sea detectada en un punto en concreto de la imagen, se puede reconocer después automáticamente en cualquier parte de la misma.

Otra de las características de estas capas es que pueden aprender jerarquías espaciales de patrones conservando relaciones especiales; es decir, una primera capa convolucional puede aprender elementos básicos como líneas y, posteriormente, una segunda capa convolucional puede aprender patrones compuestos de los elementos más básicos aprendidos en la primera capa, y así de forma sucesiva se pueden ir aprendiendo patrones cada vez más complejos en capas convolucionales posteriores.

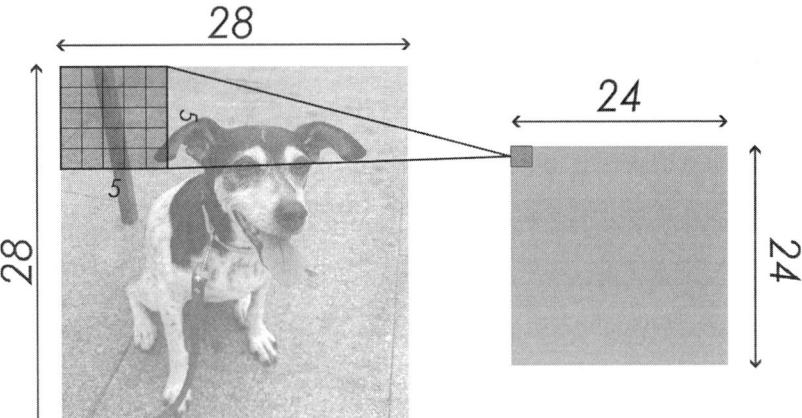

Figura 10.7: Operación de convolución entre la capa de entrada y un filtro o *kernel* de la capa oculta

De forma general las capas convolucionales operan sobre tensores 3D llamados *feature maps* o mapas de características. Estos mapas tienen tres ejes: dos para altura y anchura, y un tercero de canal o profundidad. Para una imagen de color RGB la dimensión del eje de canal es 3, puesto que la imagen tiene tres canales: rojo, verde y azul. En cambio, para una imagen en blanco y negro, la dimensión de este canal es 1 (solo el nivel de gris de la imagen). En la figura 10.7, se puede ver cómo la imagen de entrada es un espacio de dos dimensiones (28 de altura, 28 de anchura y tan solo 1 de profundidad, al ser una imagen en blanco y negro).

Se puede pensar, por tanto, en un espacio de neuronas de 2D de 28×28 como entrada de la red neuronal. A partir de aquí, una primera capa de neuronas ocultas conectada con pequeñas zonas del espacio de esta capa de entrada se encargará de realizar las operaciones convolucionales que se han descrito anteriormente. Siguiendo con el ejemplo, cada neurona de la primera capa oculta será conectada a una pequeña región de 5x5 neuronas de la capa de entrada de 28x28. Esta ventana de 5x5, se irá deslizando hacia la derecha y de arriba abajo por toda la capa de entrada de forma sucesiva desde la esquina superior izquierda hasta la esquina inferior derecha, de forma que por cada posición de la ventana de 5x5 hay una neurona en la primera capa oculta que procesa toda esa información de la ventana en esa posición específica. Para el caso concreto del ejemplo, si se aplica una ventana de (5×5) a la capa de entrada de (28×28) se tendrá en la primera capa oculta un espacio de (24×24). Esto es debido a que en un espacio de (28×28), la ventana de 5x5 solo se puede mover 23 neuronas hacia la derecha y 23 neuronas hacia abajo antes de llegar a los límites de la imagen.

Para conectar cada neurona de la capa oculta con cada una de las 25 (25×25) píxeles de entrada que le corresponden de la capa de entrada, se usa un valor de

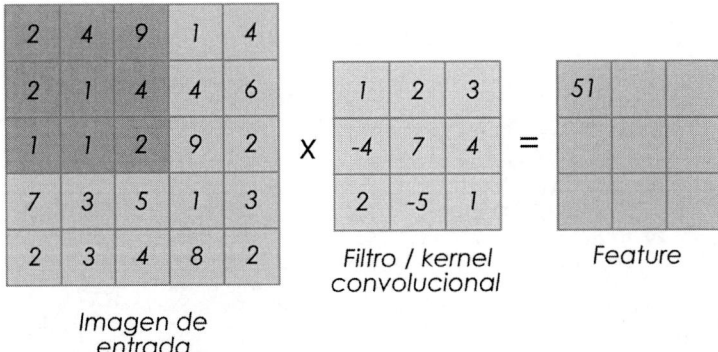

Figura 10.8: Operación convolucional de dos matrices

sesgo y una matriz de pesos llamada filtro, con las mismas dimensiones que la ventana de la capa de entrada, es decir, (5×5) en este caso. De esta forma, el valor de cada punto de la capa oculta se corresponde con el producto escalar entre la matriz de pesos o filtro y el puñado de (5×5) neuronas de la capa de entrada que corresponda para esa posición en particular. Cabe destacar que, mientras la ventana de (5×5) de la capa de entrada respecto a la capa oculta va variando según se va desplazando, el valor de todo el filtro (matriz de pesos y sesgo) es inalterable para todas las neuronas de la primera capa oculta.

En la figura 10.8 se puede ver un ejemplo de convolución entre un filtro y una ventana de una imagen de otra capa. No corresponde con el ejemplo que se está explicando en este apartado puesto que las dimensiones de las ventanas son diferentes, pero sirve para captar la idea.

Volviendo al ejemplo anterior, el filtro servirá para buscar características y patrones locales en pequeñas zonas de la imagen de la capa inicial. Pero un filtro definido por una matriz y un sesgo solo es capaz de detectar una característica en concreto de la imagen. Es por eso por lo que, normalmente, se suelen usar varios filtros a la vez en una capa convolucional, de forma que cada uno de ellos corresponda con una característica que se quiera detectar. De forma gráfica, esta capa convolucional con 32 filtros se puede representar tal y como se muestra en la figura 10.9. Así, cada uno de los 32 filtros tendrá su propia matriz de pesos (5×5) y su propio sesgo. En este ejemplo, la capa convolucional recibe un tensor de entrada $(28 \times 28 \times 1)$ y al final de la misma genera una salida de un tensor 3D con dimensiones $(24 \times 24 \times 32)$ que contiene las 32 salidas de dimensiones (24×24) como resultado de computar los 32 filtros sobre el tensor de entrada. Por último, al final de cada capa de convolución se aplica una función de activación. Estos filtros componen los pesos de la red que se ajustarán mediante el entrenamiento. Como los filtros son de dos dimensiones, la red convolucional extraerá características o *features* de dos dimensiones; por ejemplo, un filtro puede encargarse de detectar líneas horizontales; otro filtro, líneas

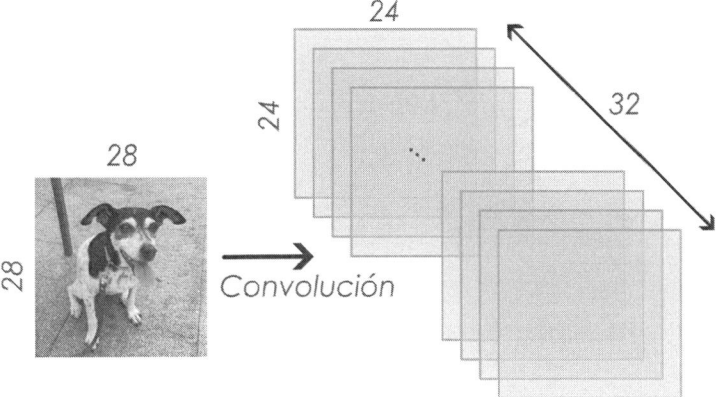

Figura 10.9: Operación de convolución entre la capa de entrada y 32 filtros.

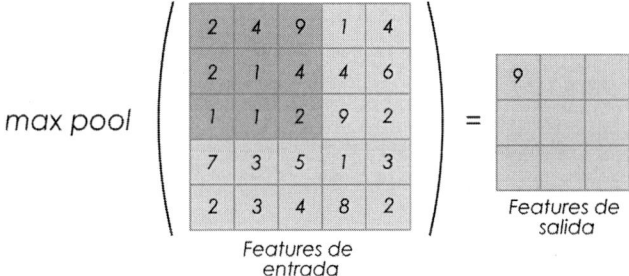

Figura 10.10: Operación de la capa de *max-pooling*.

verticales, y así cada filtro podrá detectar un tipo distinto de característica de la imagen de entrada.

10.4.2 Capa de *max-pooling*

Estas capas suelen acompañar a las capas de convolución inmediatamente después. Se encargan de hacer una simplificación de la información recogida por la capa convolucional, de forma que crean una versión condensada de toda la información contenida en estas últimas. Se podría decir que estamos bajando la resolución de las imágenes. En el ejemplo de la figura 10.10 se elige una ventana de dimensiones (2×2) de la capa convolucional para sintetizar esa información en un punto de la capa de *pooling*.

Hay varias formas de condensar la información en esta capa, aunque la más habitual y conocida es la técnica de *max-pooling*. Esta técnica da como resultado el valor máximo de los que había en la ventana de (2×2) (en el caso del ejemplo). Al haber en este caso una ventana de (2×2), las dimensiones de salida de la capa de *pooling*

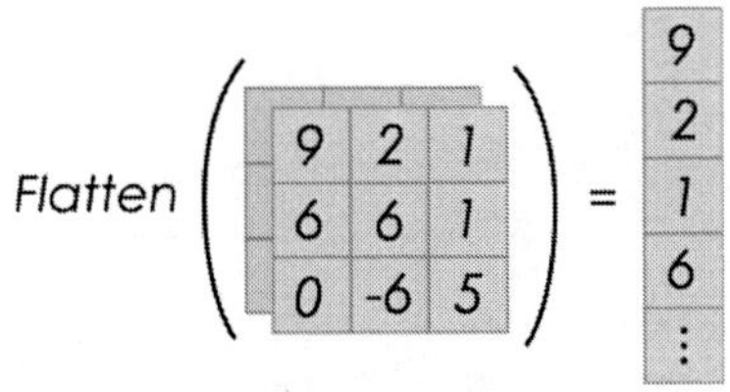

Figura 10.11: Operación de *flatten* o aplanamiento

son de (12×12) tal y como se puede ver en la figura 10.10. En el caso del ejemplo, al ser la ventana de (2×2), se va a desplazar desde la esquina superior izquierda hacia la derecha y hacia abajo de 2 en 2 píxeles, hasta llegar a la esquina inferior derecha del filtro (el desplazamiento se puede ajustar). Cabe destacar que con la transformación de *pooling* se mantiene la relación espacial. Como se mencionó anteriormente, la capa convolucional tiene varios filtros y, por tanto, al aplicar la técnica de *max-pooling* a cada uno de esos filtros, la capa de *pooling* tendrá tantos filtros de *pooling* como filtros convolucionales había en la capa anterior. Una característica importante de esta capa es que no tiene pesos (no hay nada que ajustar durante el entrenamiento).

10.4.3 Capa densa

Esta capa se encargará de realizar la parte de clasificación de la imagen de entrada y proporcionarle una etiqueta u otra. En primer lugar, hace falta transformar el tensor de 3D proveniente de la capa de *pooling* para que se convierta en un tensor de una sola dimensión y poder usar las redes densamente conectadas. Esto se hace de forma muy fácil con una capa *flatten* que convierte en tensor a una dimensión. La capa *flatten* tampoco tiene pesos que entrenar. La figura 10.11 muestra la operación que realiza esta capa de manera gráfica. La entrada de la capa proviene de las capas convolucionales y *pooling* y representarán un conjunto de características o *features* que se han obtenido de los datos de entrada (imágenes 2D). Al realizar el aplanamiento, es como si tuviéramos un nuevo conjunto de entradas o nueva codificación de las mismas (*coding*), las que utilizaremos para realizar la clasificación.

A partir de este punto, la red conectada actúa de la misma forma que hemos visto en la sección anterior. En este caso las entradas no son los píxeles de las imágenes, sino las *features* obtenidas por las capas convolucionales. La salida de la red densa es un vector de valores de una sola dimensión representa con cada valor la probabilidad de que ciertas características pertenezcan o no a cierta etiqueta (gracias a la función de activación *softmax*). La figura 10.12 muestra una red convolucional completa en la que se pueden observar todas las capas descritas anteriormente.

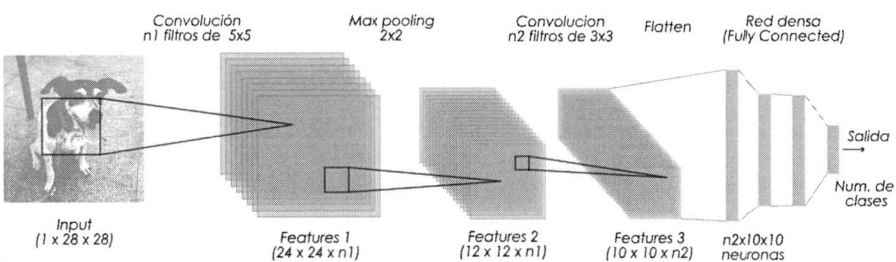

Figura 10.12: Ejemplo de red convolucional completa

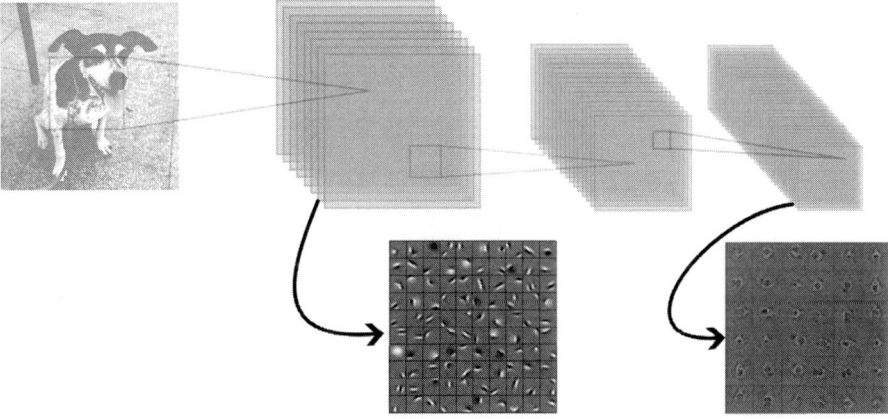

Figura 10.13: Ejemplo de extracción de características en cada capa de una red neuronal convolucional 2D

El entrenamiento de una red convolucional es el mismo que el estudiado para el caso de las redes densamente conectadas. Por último, para ilustrar el funcionamiento de una red neuronal convolucional, la figura 10.13 muestra una red neuronal que se utiliza para el reconocimiento de caras, entre hombres y mujeres. Se puede observar que las primeras capas de encargan de extraer características de muy bajo nivel, tales como arcos, líneas, contornos, etc. A continuación, las siguientes capas se encargan de extraer características de las caras, ojos, orejas, nariz, etc. Finalmente, las últimas capas son capaces de conformar caras completas para poder realizar la clasificación.

10.5   Instalación de Miniconda

Miniconda es una distribución de Python diseñada para manejar entornos y paquetes en Python sin necesidad de instalar una gran cantidad de herramientas adicionales desde el principio. Miniconda solo viene con lo esencial: el administrador de entornos `Conda` y Python3. Esto permite a los usuarios crear entornos virtuales y seleccionar solo los paquetes específicos que necesitan para sus proyectos, lo que lo hace más eficiente y ligero.

Para instalar Miniconda, primero debes ir a la página oficial de Miniconda[1] y descargar el instalador adecuado para tu sistema operativo (Windows, macOS o Linux). Una vez descargado, ejecuta el archivo y sigue los pasos de instalación. En Windows, es importante seleccionar la opción que añade Conda al PATH durante la instalación para facilitar su uso desde la línea de comandos. Después de la instalación, puedes abrir una terminal (o el Anaconda Prompt en Windows) y verificar que Conda está correctamente instalado ejecutando el comando `conda -version`. Si todo está correcto, estarás listo para empezar a crear entornos virtuales y gestionar paquetes con Conda; por ejemplo, para crear un nuevo entorno, usarías el comando `conda create -name nombre_entorno python=3.x`, donde puedes especificar la versión de Python que desees.

10.6   Entrenamiento de redes con PyTorch

PyTorch[2] es una biblioteca de código abierto muy popular para el desarrollo de modelos de *machine learning* y *deep learning*. Fue desarrollada originalmente por Facebook's AI Research (FAIR) y está diseñada para ser flexible y eficiente, lo que permite a los investigadores y desarrolladores construir modelos neuronales complejos de manera sencilla. PyTorch es especialmente conocido por su capacidad para trabajar con tensores (estructuras de datos multidimensionales) y su integración con el motor de cálculo automático de gradientes, lo que facilita la implementación y entrenamiento de redes neuronales.

En PyTorch, los tensores son la estructura de datos fundamental y se utilizan para representar datos de múltiples dimensiones, de manera muy similar a los *arrays* en NumPy, pero con la capacidad adicional de aprovechar el *hardware* acelerado, como GPU y *Tensor Processing Units* (TPU), para realizar cálculos eficientes. Los tensores pueden contener números de diferentes tipos (enteros, flotantes, etc.) y pueden tener una cantidad arbitraria de dimensiones, desde un solo número hasta matrices y más allá.

Las principales características de los tensores de PyTorch son:

- **Dimensionalidad:** los tensores pueden ser unidimensionales (similares a vectores), bidimensionales (como matrices) o de mayor dimensión (como tensores tridimensionales, que pueden representar cubos de datos, o tensores de mayor dimensión, usados en redes neuronales).

---

[1] `https://docs.anaconda.com/miniconda/miniconda-install/`
[2] `https://pytorch.org/`

- Tensor 0D: un solo número, conocido como escalar.
- Tensor 1D: un vector (una lista de números).
- Tensor 2D: una matriz (tabla de números con filas y columnas).
- Tensor 3D y más: tablas multidimensionales que pueden representar, por ejemplo, imágenes en color, vídeos o conjuntos de datos más complejos.

- **Operaciones:** los tensores en PyTorch soportan una gran variedad de operaciones matemáticas como adiciones, multiplicaciones, transposiciones y otros, de manera muy eficiente. Además, estas operaciones pueden realizarse en paralelo en una GPU, lo que las hace mucho más rápidas en comparación con hacer cálculos en una CPU.

- **Autograd:** una característica poderosa de PyTorch es que los tensores pueden estar acompañados de una propiedad llamada *autograd*, que automáticamente rastrea las operaciones que se realizan sobre los tensores y permite calcular gradientes (derivadas) de manera automática. Esto es especialmente útil para entrenar modelos de machine learning y deep learning, ya que facilita el cálculo del retropropagación de errores (backpropagation) en redes neuronales.

- **Compatibilidad con GPU:** los tensores de PyTorch pueden transferirse fácilmente entre la memoria de la CPU y la GPU.

Aquí un ejemplo de creación de tensores en PyTorch:

```
import torch
# Crear un tensor unidimensional (vector)
tensor_1d = torch.tensor([1.0, 2.0, 3.0])
# Crear un tensor bidimensional (matriz)
tensor_2d = torch.tensor([[1.0, 2.0], [3.0, 4.0]])
# Crear un tensor de tres dimensiones
tensor_3d = torch.tensor([[[1.0, 2.0], [3.0, 4.0]], [[5.0, 6.0],
  ↳ [7.0, 8.0]]])
# Crear un tensor lleno de ceros con dimensiones (3, 4)
zeros_tensor = torch.zeros(3, 4)
# Crear un tensor aleatorio con valores entre 0 y 1
random_tensor = torch.rand(3, 4)
```

A diferencia de otras bibliotecas de *deep learning* como TensorFlow, PyTorch se destaca por su naturaleza dinámica: los modelos se definen *sobre la marcha* en lugar de compilarse previamente, lo que lo hace más intuitivo y fácil de depurar. Además, PyTorch cuenta con una gran comunidad de usuarios que contribuyen activamente al desarrollo de recursos, tutoriales y extensiones.

Para instalar PyTorch tenemos que instalar previamente una distribución de Python (por ejemplo, Miniconda). Una vez instalada, podemos abrir un *Anaconda Promt* o un Terminal (en Linux o MacOS) e instalar PyTorch y sus dependencias. El comando dependerá del sistema operativo o de si disponemos de GPU o no. Para encontrar el comando adecuado, iremos a la URL `https://pytorch.org/get-started/` y

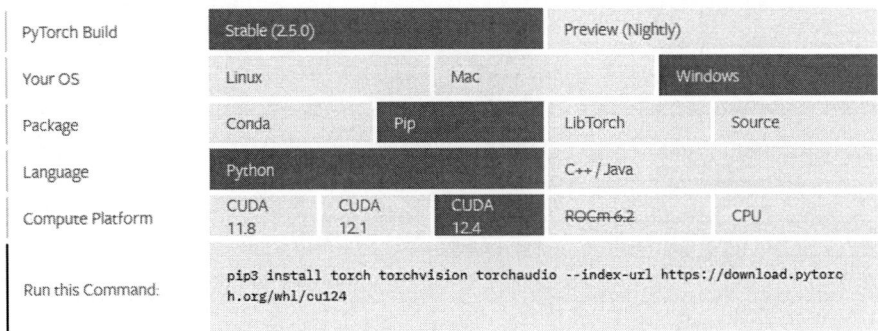

PyTorch Build	Stable (2.5.0)			Preview (Nightly)	
Your OS	Linux		Mac	Windows	
Package	Conda	Pip		LibTorch	Source
Language	Python			C++ / Java	
Compute Platform	CUDA 11.8	CUDA 12.1	CUDA 12.4	ROCm 6.2	CPU
Run this Command:	pip3 install torch torchvision torchaudio --index-url https://download.pytorc h.org/whl/cu124				

Figura 10.14: Selección de la configuración de la instalación de PyTorch

seleccionaremos la configuración deseada (recomendamos instalar con *pip* y con GPU si disponemos de ella), tal y como aparece en la figura 10.14.

Una vez instalado PyTorch, podemos probar que funciona abriendo un Terminal o *Anaconda Promt* (Windows) y escribiendo:

```
import torch
print(torch.__version__)
```

10.6.1 Entrenamiento de clasificador de dígitos: MNIST

En este primer ejemplo, describiremos cómo se puede entrenar una red neuronal profunda para clasificar dígitos escritos a mano. El *dataset* MNIST (Modified National Institute of Standards and Technology) es una colección muy conocida y ampliamente utilizada en el campo del *deep learning* relacionadas con el reconocimiento de imágenes. Este conjunto de datos contiene imágenes en escala de grises de dígitos escritos a mano (del 0 al 9), que han sido digitalizadas y etiquetadas (véase figura 10.15).

Figura 10.15: Ejemplo de dígitos sacados del dataset MNIST

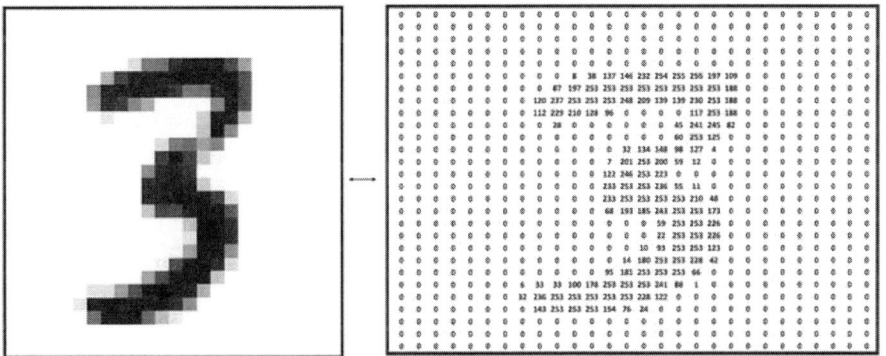

Figura 10.16: Ejemplo de dígitos sacados del dataset MNIST

Cada imagen en el *dataset* tiene un tamaño de 28 × 28 píxeles, lo que hace un total de 784 píxeles por imagen. Además, cada píxel tiene un valor que va de 0 a 255, representando la intensidad de la escala de grises, donde 0 es negro y 255 es blanco (véase figura 10.15). Esto convierte a cada imagen en un vector de 784 dimensiones. En total, MNIST incluye 60.000 imágenes para el conjunto de entrenamiento y 10.000 imágenes para el conjunto de prueba.

El *dataset* MNIST es muy popular en la comunidad de *machine learning* porque es lo suficientemente sencillo como para entrenar y probar algoritmos básicos de clasificación, pero también es lo suficientemente complejo para que los modelos más avanzados, como las redes neuronales profundas, puedan mostrar mejoras significativas en precisión y rendimiento. Por esta razón, se ha utilizado como punto de referencia (*benchmark*) para comparar distintos modelos de aprendizaje automático.

El objetivo entonces será diseñar una red neuronal densa y entrenarla para que, dado un dígito del MNIST, podamos inferir el dígito del que se trata. Comenzaremos importando todos los módulos necesarios (PyTorch, Scikit-Learn, NumPy y demás):

```python
# Importamos los módulos
import torch
from torch import nn, save
from torch.optim import SGD
from torch.utils.data import DataLoader, random_split
from torchvision import datasets, transforms
import matplotlib.pyplot as plt
import numpy as np
from sklearn.metrics import accuracy_score
```

Código 111: Módulos necesarios - `mnist_1d_train.py`

A continuación, deberemos definir el dispositivo en el que ejecutaremos los cálculos del entrenamiento de la red neuronal. PyTorch puede detectar automáticamente un dispositivo GPU o MPS (Metal Performing Shaders, tecnología exclusiva de macOS). Este `device` nos permitirá pasar las matrices dela CPU a GPU o MPS:

```python
# Seleccionamos el device (GPU, CPU o MPS)
if torch.cuda.is_available():
        device = torch.device('cuda')
elif torch.backends.mps.is_available():
        device = torch.device('mps')
else:
        device = torch.device('cpu')
```

Código 112: Definición del dispositivo - `mnist_1d_train.py`

Preparación de los datos

Ahora podemos pasar a cargar los datos del MNIST. Este *dataset* está incluido dentro de los *datasets* estándar de TorchVision (submódulo de visión de PyTorch), por lo que no hará falta descargarlos de una fuente externa. Primero, definiremos la secuencia de transformaciones que aplicaremos sobre cada dato del MNIST. En la lista de transformaciones podemos añadir secuencialmente todas las operaciones de preprocesamiento que deseemos. En este caso, solo queremos que cada imagen se pase a Tensor de PyTorch (toTensor()):

```
# Cargamos los datos. En este caso, MNIST.
# Transformamos las imágenes a tensores
transform = transforms.Compose([transforms.ToTensor()])
# Descargamos el dataset
train_dataset = datasets.MNIST(root="./data", download=True,
↪   train=True, transform=transform)
```

Código 113: Creación del *dataset* de entrenamiento del MNIST - mnist_1d_train.py

Una vez descargado el *dataset*, podemos visualizar algún ejemplo. El objeto train_dataset es un objeto de tipo dataset de PyTorch. Esta es una clase especial a cuyos datos podemos acceder de forma parecida a un *array*, donde la primera dimensión es el índice del dato (0–59.000). La segunda dimensión sirve para seleccionar el propio dato (dimensión 0) y la etiqueta/*label* que indica a qué clase pertenece el dato (dimensión 1).

Ahora debemos dividir nuestro *dataset* en un *sub-dataset* de entrenamiento (*train*) y de validación (*validation*), respectivamente. Para dividirlo, usaremos la función random_split(). Esto nos permite tomar un objeto de clase dataset y crear subconjuntos. Además, podemos proporcionarle un generador aleatorio de números para que cada vez que ejecutemos el *script*, se obtengan los mismos datos (conveniente en términos de reproducibilidad de los resultados). Así, tomaremos el 80 % de los datos del *dataset* para entrenar y un 20 % de los datos para validar:

```
# Creamos un DataLoader para el dataset de entrenamiento y otro
↪   para el de validación
tamaño_dataset = len(train_dataset)
tamaño_train = int(0.8 * tamaño_dataset)
tamaño_val = (tamaño_dataset - tamaño_train)
train_subset, val_subset = random_split(train_dataset,
↪   [tamaño_train, tamaño_val],
↪   generator=torch.Generator().manual_seed(1))
```

Código 114: División del *dataset* MNIST en *train* y *validation* - mnist_1d_train.py

Ahora crearemos un *dataloader*, que es una clase auxiliar que permitirá tomar los datos del *dataset* de forma aleatoria en forma de *batches*. Imponemos un *batch size* de 32. De esta forma, tomaremos los datos de 32 en 32 imágenes para el cálculo de la función de pérdida o *loss*:

```
# Creamos los dataloaders
train_loader = DataLoader(train_subset, batch_size=32,
↪  shuffle=True)
val_loader = DataLoader(val_subset, batch_size=32, shuffle=True)
```

Código 115: Creación de los DataLoader con el *batch size* - mnist_1d_train.py

Definición de la red neuronal

Una vez hemos preparado los datos, podemos pasar a definir la red neuronal. En este ejemplo, crearemos la red neuronal de forma secuencial. A través del objeto del submódulo nn de PyTorch, torch.nn.Sequential(), iremos incorporando una capa detrás de otra como si de una lista se tratara.

Para utilizar una red densa, tenemos que tomar las imágenes de 28 × 28 píxeles y convertirlas a vector de 784 componentes de entrada. Usaremos una capa nn.Flatten() para esto. A continuación, pondremos una capa densa (nn.Linear(in,out)) de 728 entradas y 128 salidas. De esta forma, cada píxel se tratará como una entrada independiente del modelo. Como función de activación, usaremos nn.ReLU(). Finalmente, una capa de salida densa con 128 entradas (las mismas que la salida de la anterior capa) y 10 neuronas de salida (las mismas que posibles clases tiene el dataset). Por último, pasaremos el modelo al dispositivo de cálculo (si es CPU este paso es opcional).

Este procedimiento se realizará tal y como aparece en el código 116.

```
# Creamos la red neuronal de forma secuencial
modelo = torch.nn.Sequential()
modelo.append(nn.Flatten()) # Pasamos de (28x28) a (784)
modelo.append(nn.Linear(784, 128)) # Capa lineal
modelo.append(nn.ReLU()) # Función ReLU
modelo.append(nn.Linear(128, 10)) # Capa lineal con 10 neuronas
modelo = modelo.to(device) # Movemos a la GPU
```

Código 116: Definición del modelo de red densa *batch size* - mnist_1d_train.py

Ahora deberemos crear dos elementos importantes para la optimización de la red:
1) el optimizador encargado de actualizar los pesos de la red neuronal en función de
sus gradientes, y 2) la función de pérdida o *loss*. Para el primer caso, usaremos el
optimizador *Stocastic Gradient Descent* SGD. Para la función de pérdida, usaremos
la función *Cross Entropy*.

Esta función convierte cada salida de la red neuronal *y* en una probabilidad logarít-
mica:

$$l_{pred}(x,y) = log\frac{\exp(y_x)}{\sum_{x=1}^{N_{classes}} \exp(y_x)} \tag{10.1}$$

Una vez calculada el logaritmo de la probabilidad de cada clase p_x, el *loss* de la
predicción será el valor negativo de la probabilidad de la clase correcta $p_{x_{true}}$:

$$Loss(p_x, x_{true}) = -p_{x_{true}} \tag{10.2}$$

De este modo, al intentar minimizar la función de *loss*, estamos intentando maximizar (debido al signo negativo impuesto en la ecuación (10.2)) la probabilidad de
la clase correcta (véase figura 10.17 para una explicación gráfica de la función).

```
# Creamos el optimizador (SGD) y la función de pérdida
optimizer = SGD(modelo.parameters(), lr=0.001)
loss_fn = nn.CrossEntropyLoss()
```

Código 117: Optimizador y función de *loss* - `mnist_1d_train.py`

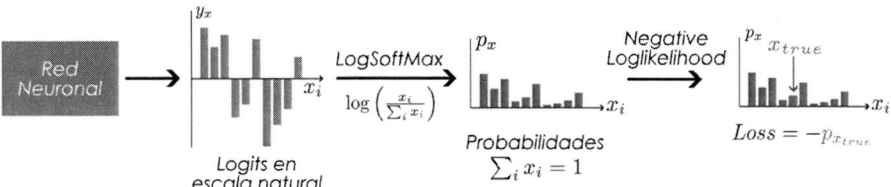

Figura 10.17: Funcionamiento de la función `CrossEntropyLoss`

Bucle de entrenamiento

Ya tenemos todo lo necesario para el entrenamiento de la red neuronal. A continuación, se mostrará el bucle de entrenamiento de la red neuronal en PyTorch. En general, el bucle de entrenamiento tiene siempre los siguientes pasos:

1. Sacamos un *batch* de datos (entradas y *labels*) usando el DataLoader de PyTorch. Pasamos los datos al `device` que hayamos definido.
2. Procesamos los datos con la red neuronal y obtenemos las salidas (predicciones).
3. Reseteamos los gradientes del optimizador.
4. Calculamos el valor de *loss* entre las predicciones y los *labels*.
5. Hacemos *backpropagation* para calcular los gradientes.
6. Actualizamos los pesos de la red neuronal.

```python
# Inicializamos las listas de loss y accuracy
epoch_loss_train = []
epoch_loss_val = []
epoch_acc_train = []
epoch_acc_val = []


# Entrenamos el modelo
for epoch in range(10):  # Entrenamos durante 10 épocas

        # Inicializamos las listas de loss y accuracy
        loss_train = []
        acc_train = []
        loss_val = []
        acc_val = []


        modelo.train() # Ponemos el modelo en modo
        ↪  entrenamiento
        for images, labels in train_loader:
                # Pasamos los datos al device
                images, labels = images.to(device),
                ↪  labels.to(device)
                outputs = modelo(images)  # Hacer predicciones
                ↪  (forward)
                optimizer.zero_grad()  # Reseteamos gradientes
                loss = loss_fn(outputs, labels)  # Calcular
                ↪  loss
                loss.backward()  # Calcular gradientes
                ↪  (backward)
```

```
optimizer.step()  # Actualizar parámetros
# Acumulamos la pérdida
loss_train.append(loss.item())
# Predecimos las etiquetas
predictions = torch.argmax(outputs,
    ↳  dim=1).cpu().detach().numpy()
# Calculamos la precisión
acc_train.append(accuracy_score(predictions,
    ↳  labels.cpu()))
```

Código 118: Bucle de entrenamiento del MNIST con red densa - mnist_1d_train.py

Nos debemos fijar que el bucle for permite sacar del DataLoader train_loader todos y cada uno de los datos en *batches* de 32. El obtejo DataLoader se comporta como un objeto iterable.

Una vez hemos entrenado con todos los datos del *dataset* de entrenamiento, podemos evaluar qué tal lo hace el modelo sobre el conjunto de validación. Esta vez, pondremos el modelo en modo evaluación (model.eval()) y no calcularemos gradientes ni entrenaremos con estos datos. Esto es importante, puesto que evaluando sobre un conjunto distinto al de entrenamiento tendremos una idea de cómo de general es la inferencia del modelo respecto de datos para los que no ha entrenado nunca. En términos generales, el *loss* de entrenamiento siempre bajará (las redes neuronales son muy buenas adaptándose a los datos), no así el *loss* de validación. Comparando el desempeño del entrenamiento y la validación, podremos tener una medida de lo bien que generaliza el modelo. En otras palabras: del sesgo del modelo respecto a los datos de entrenamiento.

Tras evaluar sobre el conjunto de validación, volveremos a entrenar en un nuevo *epoch*. Antes, podemos ir acumulando los valores de *accuracy* y *loss* a lo largo del entrenamiento para hacer una comparativa.

```
# Una vez hemos terminado una época,
# evaluamos el modelo en el conjunto de validación
modelo.eval()
for images, labels in val_loader:
    images, labels = images.to(device),
        ↳  labels.to(device)
    outputs = modelo(images)
    loss = loss_fn(outputs, labels)
    loss_val.append(loss.item())
```

```
                    # Predecimos las etiquetas - Tomamos la clase
                    ↪ con mayor probabilidad
                    predictions = torch.argmax(outputs,
                    ↪ dim=1).cpu().detach().numpy()
                    acc_val.append(accuracy_score(predictions,
                    ↪ labels.cpu()))

        print("-"*50)
        print(f"Epoch {epoch + 1}:")
        print(f"Train loss: {np.mean(loss_train):.4f}, Train
        ↪ accuracy: {np.mean(acc_train):.4f}")
        print(f"Val loss: {np.mean(loss_val):.4f}, Val accuracy:
        ↪ {np.mean(acc_val):.4f}")

        # Guardamos los valores de loss y accuracy
        epoch_loss_train.append(np.mean(loss_train))
        epoch_loss_val.append(np.mean(loss_val))
        epoch_acc_train.append(np.mean(acc_train))
        epoch_acc_val.append(np.mean(acc_val))
```

Código 119: Bucle de entrenamiento del MNIST con red densa - `mnist_1d_train.py`

Finalmente, una vez hemos terminado de entrenar, podemos guardar los pesos de la red neuronal para poder usarlos luego en inferencia:

```
    # Guardamos el modelo final
    torch.save(modelo.state_dict(), 'modelo_1D.pt')
```

Código 120: Guardado de los pesos de la red neuronal - `mnist_1d_train.py`

Tras un entrenamiento, obtendremos las métricas que aparecen en la figura 10.18. Podemos observar cómo la métrica de *accuracy* aumenta gradualmente con cada *epoch*. Análogamente, el el valor de *loss* es cada vez menor. Es importante observar cómo el entrenamiento permite obtener un valor de *accuracy* en tanto en los datos de entrenamiento como sobre los datos de validación. Un sobreentrenamiento conllevaría aumentar el desempeño solo sobre los datos de entrenamiento. La comparación de estas dos métricas es fundamental para evaluar cómo de útil es el modelo.

La figura 10.19 muestra la matriz de confusión resultante. La diagonal de dicha matriz muestra las predicciones que se han realizado de forma correcta para cada uno

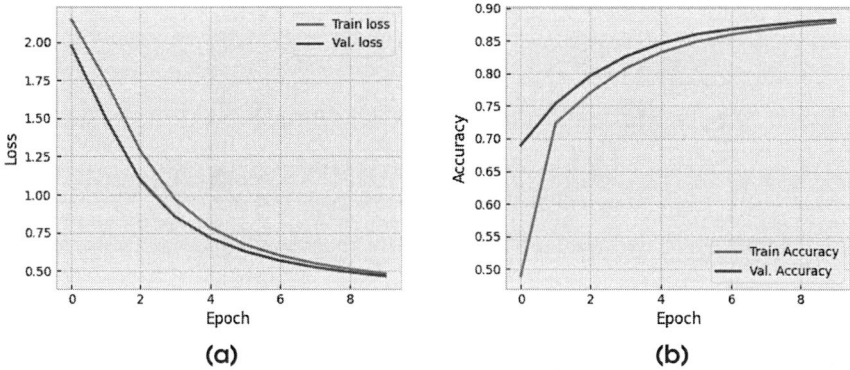

Figura 10.18: *Loss* (a) y *Accuracy* (b) resultado del entrenamiento con una red densa, tanto sobre el dataset de entrenamiento como en el de validación

de los dígitos. Se puede observar que los resultados son bastante buenos en general. Además, se puede analizar en qué situaciones la red tiene algunos problemas para predecir correctamente; por ejemplo, podemos ver que en los casos de 4 y del 9 existen ciertos problemas de predicción. En 44 ocasiones la red predijo que era un 4 cuando en realidad era un 9. Este resultado es esperable y forma parte de la dificultad intrínseca del problema. La matriz de confusión es una buena herramienta para detectar los problemas de diseño que tenga nuestra red neuronal e intentar corregirlos.

10.6.2 Clasificador basado en redes convolucionales

Ahora, modificaremos el diseño de la red neuronal para incorporar operaciones convolucionales. La clasificación de dígitos es una tarea visual en la que intervienen patrones geométricos. En el enfoque anterior, las redes densas tratan la relación de cada píxel individual a través de una capa de entrada. Debido a la capacidad de las redes convolucionales de capturar los patrones geométrico-visuales (curvas, lazos, líneas rectas, etc.), son la opción preferente para este tipo de tareas.

El diseño de la red neuronal, es semejante al apartado anterior. Esta vez construiremos la red neuronal a través de la definición de una clase de tipo nn.Module. Esta forma alternativa de construir las redes neuronales como una subclase es la forma más común y frecuente en Python de programar.

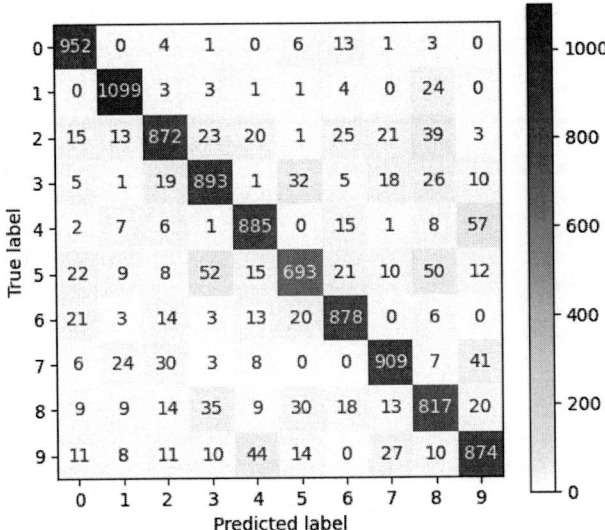

Figura 10.19: Matriz de confusión resultante del entrenamiento

Lo primero que debemos hacer es definir la clase y especificar la clase de la que heredaremos los métodos y atributos; en este caso, la clase nn.Module:

```
class ConvolutionalImageClassifier(nn.Module):
```

Toda clase debe implementar al menos un único método: el método __init__. Este método se ejecutará al instanciar la clase en un nuevo objeto. Puede recibir los argumentos de inicialización que queramos. Lo primero que haremos será llamar al método __init__ de la clase padre:

```
class ConvolutionalImageClassifier(nn.Module):
    def __init__(self, n_classes=10): # n_classes es el número de
    ↳ clases de salida
        super(ConvolutionalImageClassifier, self).__init__()
```

Dentro del método __init__, definiremos ahora todos las capas que necesitaremos. Empezaremos por un objeto de tipo secuencial en el que especificaremos las capas convolucionales:

```
self.conv_layers = nn.Sequential(
    nn.Conv2d(1, 32, kernel_size=3),
    nn.ReLU(),
    nn.Conv2d(32, 64, kernel_size=3),
    nn.ReLU(),
    nn.MaxPool2d(kernel_size=2, stride=2),
)
```

Todo método de una clase recibe como primer argumento el atributo `self`. Este atributo hace referencia al propio objeto. De esta forma, podemos definir cualquier objeto o variable para que se pueda usar desde cualquier otro método (método no es otra forma de llamar a una función propia de la clase). Así, como todo método recibe el atributo `self`, todo método podrá acceder a los objetos de la propia clase.

Ahora definiremos la parte densa de la red neuronal, que irá a continuación de los cálculos convolucionales. Definiremos una capa de `nn.Flatten()`, que vectorizará la salida de las capas convolucionales (que son filtros matriciales, no vectores). A continuación debemos crear una capa densa (lineal) con un número de $64 \times 12 \times 12$ neuronas de entrada y 128 salidas. La última capa de la red densa es una capa densa de 128 neuronas de entrada y `n_classes` dc salida (recordamos que `n_classes` es un argumento de creación de la clase):

```
self.fc_layers = nn.Sequential(
    nn.Flatten(),
    nn.Linear(64 * 12 * 12, 128),
    nn.ReLU(),
    nn.Linear(128, n_classes),
```

Vemos que la primera capa densa después de los filtros convolucionales tiene que tener un tamaño de entrada igual al número total de píxeles de la salida de la capa anterior. Este cálculo se puede hacer manualmente o se puede utilizar la clase `nn.LazyLinear(n)`, donde n es el número de salida. Usando esta capa, la cantidad de entradas se definirán durante la primera inferencia, por lo que no deberemos hacer cálculos manualmente:

```
self.fc_layers = nn.Sequential(
nn.Flatten(),
nn.LazyLinear(128),
nn.ReLU(),
nn.Linear(128, n_classes),
```

Una vez definidas todas las capas, podemos usar el objeto `self.fc_layers` y el objeto `self.conv_layers` para crear el método `self.forward`, con el que se define cómo se obtiene la salida en función de la entrada. El método `self.forward`, como todo método de clase, recibe el objeto `self` y los datos de entrada:

```
def self.forward(self, x):
    x = self.conv_layers(x)
    x = self.fc_layers(x)
    return x
```

El resultado completo de la definición de la red neuronal es el que sigue y se puede encontrar en el *script* `red_neuronal.py` y podremos importarlo en nuestro programa de entrenamiento mediante:

```
from red_neuronal import ConvolutionalImageClassifier}
```

Aquí, la definición de la red neuronal convolucional:

```
# Creamos la red neuronal convolucional.
# La clase hereda de nn.Module, que es la clase base
# para todos los modelos en PyTorch.
class ConvolutionalImageClassifier(nn.Module):
    # El metodo __init__ es el constructor de la clase.
    def __init__(self, n_classes=10): # n_classes es el número
    ↪ de clases
        # Llamamos al constructor de la clase padre
        super(ConvolutionalImageClassifier, self).__init__()
        # Definimos las capas convolucionales
        self.conv_layers = nn.Sequential(
            nn.Conv2d(1, 32, kernel_size=3),
            nn.ReLU(),
            nn.Conv2d(32, 64, kernel_size=3),
            nn.ReLU(),
            nn.MaxPool2d(kernel_size=2, stride=2),
        )
        # Definimos las capas completamente conectadas
        self.fc_layers = nn.Sequential(
            nn.Flatten(),
            # Con LazyLinear no hace falta
            # especificar el tamaño de entrada
            # nn.LazyLinear(n_classes),
            nn.Linear(64 * 12 * 12, 128),
            nn.ReLU(),
            nn.Linear(128, n_classes),
        )
```

```
def forward(self, x):
    # El metodo forward define como se calcula la salida
    # a partir de las entradas.
    # out = modelo(in)
    x = self.conv_layers(x)
    x = self.fc_layers(x)
    # Devolvemos la salida
    return x
```

Código 121: Definición de la red neuronal convolucional como una subclase de nn.Module - red_convolucional.py

Ahora podemos utilizar el modelo exactamente igual que lo hemos utilizado anteriormente para entrenar con una red densa. El proceso de entrenamiento es exactamente el mismo que antes pero cambiando la definición del modelo de red neuronal. Tras un entrenamiento de 10 *epochs*, podemos observar, según las figuras 10.20a y 10.20b, veremos que el desempeño mejora significativamente (de un 85 a un 95% de *accuracy*) respecto de la red densa. Esto ocurre porque la red convolucional tiene la capacidad de identificar mejor los *features* visuales de las imágenes, además de aportar invariabilidad ante la rotación y la traslación de los elementos de la imagen.

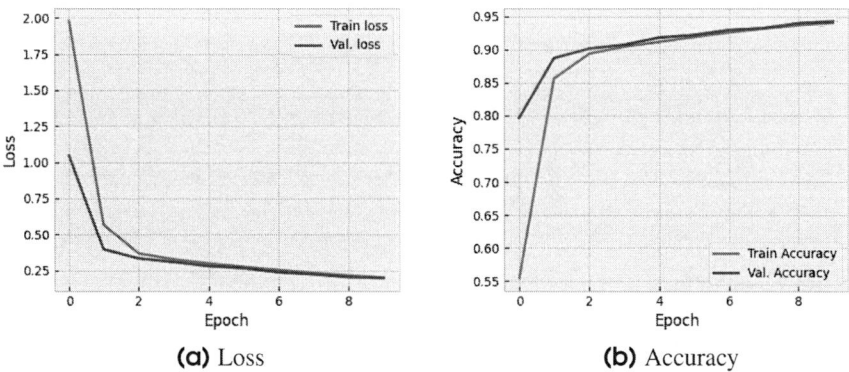

(a) Loss   **(b)** Accuracy

Figura 10.20: *Loss* (a) y *Accuracy* (b) resultado del entrenamiento con una red densa, tanto sobre el *dataset* de entrenamiento como en el de validación

10.6.3 Evaluación de la red neuronal

Para evaluar la red neuronal una vez entrenada, se pueden cargar los pesos del modelo guardado. Si queremos cargar los pesos de una red neuronal en un modelo, primero debemos instanciar el mismo modelo que hemos usado para entrenar. Una vez tengamos el modelo, podemos cargar los pesos de esta forma:

```
modelo = ConvolutionalImageClassifier(n_classes=10).to(device)
modelo.load_state_dict(torch.load("modelo.pt", weights_only=True,
↪   map_location=device))
```

Los parámetros `weights_only` y `map_location` sirven para cargar solo los pesos del modelo guardado y para especificar en qué dispositivo de computación se va a cargar (en el caso de que hayamos entrenado en GPU y pasemos a evaluar en CPU),

A continuación, podemos evaluar una imagen. Esta imagen debe ser como las imágenes de entrenamiento: un tensor, en precisión `float32`. Para evaluarla, solo necesitamos pasarle la imagen al modelo y observar los valores de la salida. Como hemos entrenado para maximizar los valores de la clase correcta, el valor predicho será el valor más alto de entre todas las salidas:

```
# Cargamos el modelo
modelo = ConvolutionalImageClassifier(n_classes=10).to(device)
modelo.load_state_dict(torch.load("modelo.pt",
↪   weights_only=True, map_location=device))
modelo.eval()


# Cargamos los datos. En este caso, MNIST.
# Transformamos las imágenes a tensores
transform = transforms.Compose([transforms.ToTensor()])
# Descargamos el dataset de test
test_dataset = datasets.MNIST(root="./data", download=True,
↪   train=False, transform=transform)
# Creamos un DataLoader para el dataset de test
test_loader = DataLoader(test_dataset, batch_size=32,
↪   shuffle=True)


# Tomamos 1 imagen aleatoria del dataset
idx = np.random.randint(0, len(test_dataset))
image, label = test_dataset[idx]


# Hacemos la predicción
image = image.unsqueeze(0).to(device)
output = modelo(image)
```

```
# Mostramos la imagen y la predicción
plt.imshow(image.squeeze().cpu().numpy(), cmap='gray')
plt.title(f"Predicción: {torch.argmax(output).item()}")
plt.show()
```

Código 122: Evaluación del modelo sobre un dato concreto del *dataset* de test del MNIST – mnist_eval.py

Tras ejecutar el *script* mnist_eval.py, podemos ver cómo la clase predicha es correctamente.

10.7   Clasificando señales de tráfico

El GTSRB (German Traffic Sign Recognition Benchmark) es un conjunto de datos diseñado específicamente para evaluar la capacidad de los modelos de visión artificial en la tarea de reconocimiento de señales de tráfico. Este *dataset* incluye más de 50.000 imágenes capturadas en entornos reales, lo que lo convierte en una herramienta crucial para el desarrollo de sistemas de conducción autónoma y asistencia al conductor. Las imágenes presentan una gran variedad de señales de tráfico con diferentes condiciones de iluminación, resolución y perspectiva, lo que añade complejidad a la tarea de clasificación. Además, el conjunto de datos incluye 43 clases de señales etiquetadas, que abarcan desde señales de advertencia y prohibición hasta indicaciones informativas (véase figura 10.21)).

En este ejercicio, se pide implementar un clasificador basado en redes convolucionales usando el conocimiento aprendido del ejemplo del clasificador de dígitos.

10.7.1   *Dataset*

Podemos obtener el *dataset* del módulo torchvision como con el MNIST. Esta vez, debemos modificar las transformaciones aplicadas a las imágenes del *dataset*. Cada imagen del *dataset* está compuesta por imágenes RGB de distinto tamaño. Para poder usar una red neuronal convolucional, debemos, por lo menos, redimensionarlas a un tamaño fijo. Además, para simplificar la red, las pasaremos a escala de grises.

Figura 10.21: Ejemplo de cada clase dentro del *dataset* GTSTB

Primero, definiremos las transformaciones:

```python
# Transformamos las imágenes a tensores
transform = transforms.Compose([transforms.ToTensor(),
↪  transforms.Resize((32, 32)),
↪  transforms.Grayscale(num_output_channels=1)])
# Descargamos el dataset
train_dataset = datasets.GTSRB(root="./data", download=True,
↪  split="train", transform=transform)
# Creamos un DataLoader para el dataset de entrenamiento y otro
↪  para el de validación
tamaño_dataset = len(train_dataset)
tamaño_train = int(0.8 * tamaño_dataset)
tamaño_val = (tamaño_dataset - tamaño_train)
train_subset, val_subset =
↪  torch.utils.data.random_split(train_dataset,
↪  [tamaño_train,tamaño_val],
↪  generator=torch.Generator().manual_seed(1))
# Creamos los dataloaders
train_loader = DataLoader(train_subset, batch_size=32,
↪  shuffle=True)
val_loader = DataLoader(val_subset, batch_size=32, shuffle=True)
```

Código 123: Definición de las transformaciones consecutivas - gtsrb_train.py

Podemos cargar las etiquetas de los datos del fichero `labels_grsrb.txt` en la carpeta del capítulo. Este fichero contiene los nombres de cada *label* de forma ordenada: la clase 0 se corresponde con la señal "Límite de velocidad 20", etc. Podemos cargar este fichero como un diccionario si usamos el módulo `json` (que habremos de importar previamente):

```
# Cargamos las clases
with open('labels_gtsrb.txt') as json_file:
            classes = json.load(json_file)
```

Ahora podemos visualizar un ejemplo de ese *dataset* (véase figura 10.22) y ver a qué clase se corresponde:

```
image, label = test_dataset[20] # Tomamos el dato 20
print(image.shape) #  -> (1, 32, 32)
plt.imshow(image[0].numpy(), cmap='gray')
plt.title(classes[label])
plt.show()
```

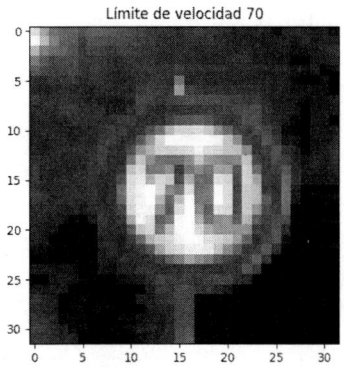

Figura 10.22: Un dato perteneciente a la clase "Límite de velocidad 70"

Para representar con `imshow`, debemos pasarle un *array* de NumPy de N filas y M columnas. Matplotlib interpreta las dos primeras dimensiones como alto y ancho de la imagen. La 3ª dimensión (si la hay) será el canal RGB. En este caso, para representar la imagen, debemos quitar la dimensión 0 (primera dimensión) de `image` y pasar el dato a *array* de NumPy con `image[0].numpy()`. Para PyTorch, la primera dimensión de los datos al salir del *dataset*, se corresponderá con el número de dato en el *batch* que se le pasará a la red neuronal. Además, podemos fijarnos que, al haber impuesto en el objeto `transform` la transformación `transforms.Grayscale`, tendremos una imagen en blanco y negro directamente con solo un canal y de tamaño (1, 32, 32).

10.8   Ejercicios propuestos

Pregunta 10.1 Entrena con la red neuronal del ejemplo del MNIST sobre este conjunto de datos. Obtén las métricas de *accuracy*, *precision* y *recall*.

Pregunta 10.2 Prueba a hacer la red neuronal mayor y menor. Añade o quita capas convolucionales y aumenta y reduce la cantidad de neuronas de la red densa. ¿Cómo se ve afectado el desempeño de la red respecto de las tres métricas anteriores?

Pregunta 10.3 Con el modelo .pt ya entrenado, escribe un script para la evaluación de la red en la RPi. Carga una imagen de ejemplo y prueba a evaluar la red sobre esa imagen. No olvides normalizarla, para que sus valores de píxeles estén entre 0 y 1. Calcula el tiempo de inferencia entre ejecuciones con la función time.time() del módulo time.

Pregunta 10.4 Crea tu propio *dataset* de imágenes sacadas de internet o de la vida real; por ejemplo, de frutas y verduras (manzanas, naranjas y uvas). Crea un *script* que tome todas las imágenes, recorte sus tamaños y guarde sus etiquetas. Analiza el balanceo entre clases: ¿hay la misma cantidad de imágenes para cada clase? Representa la cantidad de imágenes por clase.

Pregunta 10.5 Divide el *dataset* en un *set* de entrenamiento, validación y *test*. Reentrena la red neuronal para clasificar las imágenes. Representa el *accuracy* de los dos primeros *sets*. ¿En qué punto deberíamos dejar de entrenar la red neuronal para evitar el fenómeno de sobre-entrenamiento?

11. Inferencia neuronal en RPi

El objetivo de este capítulo es plantear los métodos y procedimientos necesarios para usar un modelo preentrenado en la RPi con la mínima latencia posible. Debido a que la capacidad de procesamiento de la RPi (y de cualquier sistema embebido) es limitada, es necesario aplicar técnicas de cuantización y posprocesamiento para que su funcionamiento sea eficiente. También se discutirá en este capítulo la necesidad del preprocesamiento de las imágenes para adecuarlas a los datos de entrenamiento y las principales problemáticas a la hora de implementar en condiciones reales las redes neuronales.

Para este capítulo necesitaremos:

- Una Raspberry Pi con el SO proporcionado.
- Una Raspberry Pi Camera.

Todos los códigos de este capítulo están disponibles en el repositorio `https://bender.us.es/etsi/AplicacionesRPi`, dentro de la carpeta Práctica 7.

11.1 Cuantización de modelos

La cuantización de modelos consiste en reducir el tamaño de las redes neuronales para acelerar la inferencia. Esta técnica permite bajar la precisión numérica de los parámetros de la red neuronal, que son los pesos (w, b) de cada capa, de un tipo de dato punto flotante de 32 bits a entero de 8 bits. Esto implica pasar de un rango de $[-3.4 \times 10^{38}, 3.4 \times 10^{38}]$ con una resolución mínima de 1.17×10^{-38}, a un rango de $[-128, 127]$, con una resolución mínima de 1. Esto es una bajada drástica de la resolución efectiva de los cálculos de la red, lo que conlleva inevitablemente a una pérdida de la precisión de las estimaciones. No obstante, esto conlleva en una aceleración de los cálculos significativa, puesto que la CPU siempre es capaz de realizar operaciones de aritmética entera a mucha mayor velocidad.

La cuantización de todo modelo se basa en dos pasos fundamentales: **escalado** y **redondeo**. Ambos pasos ayudan a mapear de forma efectiva los valores continuos (en punto flotante) al espacio discreto que puede manejar la precisión reducida.

11.1.1 Escalado y redondeo en la cuantización

El escalado convierte un valor en punto flotante de rango continuo a un valor de menor precisión, mapeándolo en un rango discreto limitado por el número de bits que se eligen; por ejemplo, si estamos cuantizando a *int8*, los valores flotantes deben reducirse a un rango de -128 a 127 (en el caso de enteros con signo). Este proceso tiene dos pasos clave:

1) **Definir el rango de valores en punto flotante:** para cuantizar una red, necesitamos conocer el rango (mínimo y máximo) de los valores de los pesos y activaciones. Esto puede hacerse usando estadísticas sobre los datos o calibraciones previas; por ejemplo, si los valores flotantes de una capa específica de la red están principalmente entre -3 y 3, ese rango se usará para el escalado.

2) **Calcular el factor de escala:** una vez determinado el rango de los valores flotantes (por ejemplo, $[-3, 3]$), se calcula un factor de escala que permite mapear ese rango continuo al rango discreto $[-128, 127]$. Este factor de escala s se define generalmente como:

$$s = \frac{\text{rango flotante}}{\text{rango cuantizado}}$$

En nuestro caso, el rango flotante es 6 y el rango cuantizado es 255, por lo que el factor de escala sería aproximadamente $6/255 \approx 0.0235$. Cada valor flotante se multiplica por el inverso del factor de escala para ajustar el valor al espacio de enteros.

Después de escalar, los valores aún pueden ser decimales (por ejemplo, 23.6 o -5.3), y no se ajustan exactamente a un valor de *int8* sin redondeo. El redondeo toma el valor escalado y lo convierte en el entero más cercano dentro del rango $[-128, 127]$. Este proceso es el siguiente:

1) **Aplicar redondeo al entero más cercano:** se utiliza la función de redondeo estándar, que aproxima al valor entero más cercano. Por ejemplo, un valor escalado de 23.6 se convierte en 24, y un valor de -5.3 se convierte en -5. Esto asegura que cada número caiga en el rango de representación del formato entero elegido (por ejemplo, *int8*).

2) **Clipping o recorte:** en algunos casos, puede haber valores escalados que exceden el rango de enteros posibles (por ejemplo, valores mayores a 127 o menores a -128 en *int8*). Estos valores se recortan (*clipping*) para limitarse

al máximo o mínimo valor del rango permitido. Si el valor escalado es mayor que el valor máximo permitido (127), se ajusta a 127. Si el valor es menor que el mínimo permitido (-128), se ajusta a -128.

El escalado y redondeo permite reducir drásticamente la cantidad de memoria y procesamiento necesario, especialmente en *hardware* que es más eficiente con operaciones en enteros. Sin embargo, la cuantización también introduce *error de cuantización*, que se acumula a medida que avanzamos en la red. Si el rango de valores no se ajusta bien o si el redondeo causa grandes desviaciones, el modelo podría perder precisión.

11.1.2 Tipos de cuantización en PyTorch

El módulo PyTorch nos permite cuantizar fácilmente redes neuronales preentrenadas para el despliegue eficiente en dispositivos como la RPi. Existen tres tipos de cuantizaciones posibles en PyTorch:

1. Cuantización estática.
2. Cuantización dinámica.
3. Cuantización consciente (Quantization-Awarc Training o QAT)

11.1.3 Cuantización estática

La cuantización estática convierte tanto los pesos como las activaciones a baja precisión (int8) antes de la inferencia, mediante técnicas de escalado y redondeo para mapear los valores continuos a valores enteros. Se considera "estática" porque las activaciones (resultado de aplicar las funciones de activación) son cuantizadas de manera previa usando datos de calibración, en lugar de hacerlo dinámicamente durante la inferencia.

Advertencia

La cuantización de un modelo en PyTorch tiene implicaciones de cálculo de aritmética entera a nivel de arquitectura de CPU. Esto implica que un modelo cuantizado para una arquitectura de tipo x86 (la mayoría de procesadores de Intel, AMD, etc.) no es compatible con dispositivos con arquitectura de CPU ARM, como es el caso de la RPi o la familia de chips M1, M2, ... de MacBook.

De esta forma, si quisiéramos cuantizar un modelo para una arquitectura ARM, debemos hacerlo desde una máquina con CPU de tipo ARM, por ejemplo, una RPi.

Para ilustrar cómo se puede llevar a cabo una cuantización estática, partiremos de una red neuronal entrenada en un ordenador cualquiera. Suponiendo que disponemos del modelo entrenado en formato .pt, podemos proceder a su cuantización. Primero, importaremos los módulos necesarios:

```
import torch
from torch.ao.quantization import get_default_qconfig_mapping,
 ↪  QConfigMapping
import torch.ao.quantization.quantize_fx as quantize_fx
import copy
import torchvision
from red_convolucional import ConvolutionalImageClassifier
```

A continuación, debemos crear el modelo y cargarle los pesos del entrenamiento. Lo pasaremos a modo evaluación también:

```
# Cargamos un modelo cualquiera, ya preentrenado
modelo_sin_cuantizar = ConvolutionalImageClassifier(n_classes=10)
# Cargamos los pesos
modelo_sin_cuantizar.load_state_dict(torch.load('modelo_conv.pt'))
# Lo copiamos para cuantizarlo y comparar el tamaño #
modelo_a_cuantizar = copy.deepcopy(modelo_sin_cuantizar)
modelo_a_cuantizar.eval()
```

Ahora debemos cargar la configuración para la cuantización estática. El motor de cuantización, que es el *software* encargado de la optimización del modelo será, QNNPACK. Este motor es exclusivo de arquitecturas ARM y no podrá ser usado en arquitecturas x86:

```
# Para cuantización estática con QNNPACK (arm64)
torch.backends.quantized.engine = 'qnnpack'
# Cargamos el diccionario de configuración predeterminado
qconfig_mapping = get_default_qconfig_mapping("qnnpack")
```

Ahora debemos preparar el modelo para la cuantización estática. Debemos pasarle un conjunto de valores de entrada para que el cuantizador pueda estimar los rangos de cuantización. Con torch.randn podremos generar tensores del tamaño adecuado (tamaño de entrada de la red). Una vez hayamos preprocesado la arquitectura del modelo usando la llamada quantize_fx.prepare_fx, podemos cuantizarlo:

```
# Preparamos el modelo para cuantizarlo
example_inputs = torch.randn(16, 1, 28, 28)
modelo_preparado = quantize_fx.prepare_fx(modelo_a_cuantizar,
 ↪  qconfig_mapping, example_inputs)
# Lo cuantizamos
modelo_cuantizado = quantize_fx.convert_fx(modelo_preparado)
```

Una vez finalizado el proceso, podemos guardar el modelo:

```
torch.save(modelo_cuantizado.state_dict(),
  ↳  'modelo_cuantizado_conv.pt')
```

11.1.4 Cuantización dinámica

La cuantización dinámica reduce la precisión de los pesos a int8, pero mantiene las activaciones en float32 durante la inferencia. En este caso, las activaciones se cuantizan dinámicamente (en el momento de la inferencia) en lugar de hacerlo de forma estática en el proceso de calibración. Funciona bien para capas como `torch.nn.Linear`, típicas en modelos de procesamiento de lenguaje natural (NLP) y en arquitecturas recurrentes y no requiere ejecutar un conjunto de calibración, ya que las activaciones se cuantizan en el momento de la inferencia. No obstante, ya que las activaciones siguen usando float32, los beneficios de la cuantización en términos de memoria y velocidad no son tan significativos en dispositivos que procesan mejor int8.

Para hacer una cuantización dinámica en PyTorch, se hará exactamente igual que en el caso anterior, excepto que no hará falta la calibración previa. La única diferencia será en el la configuración, que necesita la función `quantize_fx.prepare_fx`:

```
qconfig_mapping = QConfigMapping().set_global(
  ↳  torch.ao.quantization.default_dynamic_qconfig)
```

11.1.5 Quantization-Aware Training

El *Cuantization-Aware Training* (QAT) es un enfoque en el que la red neuronal es entrenada "con conciencia" de la cuantización. Durante el entrenamiento, las operaciones simulan las limitaciones de precisión de *int8*, permitiendo que el modelo aprenda a compensar las limitaciones introducidas por la cuantización. Este tipo de cuantización permite obtener modelos de alta precisión, incluso después de aplicar una cuantización completa. Durante el entrenamiento, se aplica una simulación que incorpora ruido de cuantización, ayudando al modelo a aprender a corregir los errores causados por la cuantización. Tras el entrenamiento, los pesos y activaciones son totalmente cuantizados. Como el modelo ha sido entrenado con una baja precisión, se ajusta para mantener una alta precisión al ser cuantizado. La principal desventaja de este método es que, debido al procesamiento extra durante el entrenamiento, los tiempos y recursos necesarios para este tipo de entrenamiento aumentan.

Este tipo de entrenamiento está fuera del alcance de este libro pero puedes encontrar más información en `https://pytorch.org/blog/quantization-aware-training/`.

En la tabla 11.1 se puede ver un resumen de las características de cada tipo de cuantización.

Cuantización	Pesos	Activaciones	Calibración	Precisión	Uso ideal
Cuantización estática	int8	int8	Sí	Alta en modelos bien calibrados	Dispositivos embebidos, móviles
Cuantización dinámica	int8	float32	No	Moderada	Procesamiento de lenguaje natural
Cuantización consciente del entrenamiento (QAT)	int8	int8	No, pero simula la baja precisión durante el entrenamiento	Alta precisión	Modelos sensibles a la precisión, complejos

Tabla 11.1: Comparación de los tipos de cuantización en PyTorch

11.2   Compilador Just-In-Time (JIT)

El compilador JIT (Just-In-Time) es un compilador que permite pasar modelos neuronales definidos en PyTorch a modelos estáticos eficientes preparados para inferencia. Esto se hace a través de TorchScript, un subconjunto del lenguaje Python de PyTorch que permite capturar las operaciones de la red en una gráfica computacional estática. Una vez pasado el modelo de PyTorch a TorchScript, el modelo solo servirá para inferencia, puesto que se ha optimizado para realizar solo las operaciones entrada-salida con sus pesos congelados. No podremos seguir entrenando ni calculando gradientes, por ejemplo. Por otra parte, el modelo resultante es independiente de Python. Puede usarse con la librería TorchScript disponible en otros lenguajes; por ejemplo C++ o Java. Esto hace de TorchScript un módulo agnóstico respecto del lenguaje Python, lo que es conveniente para la integración de modelos en entornos que necesiten la rapidez típica de lenguajes como C++.

Existen dos tipos de compilación JIT:

- *Scripting*: con la compilación en modo *scripting*, el modelo JIT permite incluir dentro del modelo llamadas a operaciones de control de flujo (`if`, `else`, `for`, etc.). Es la forma más flexible de compilación.
- *Tracing*: con la compilación en modo *tracing*, el compilador estima el camino que hacen los datos desde la entrada hasta la salida. Durante ese proceso, graba las operaciones y crea un modelo *ad hoc*. Solo se puede usar con modelo de PyTorch donde se usen única y exclusivamente operaciones con tensores y es necesario pasarle una entrada de ejemplo al modelo, para que tracen las operaciones. No obstante, el resultado suele ser un modelo más eficiente.

En este capítulo, usaremos el método *scripting* por ser más flexible y fácil de preparar que el método *tracing*.

Para pasar un modelo a TorchScript, primero debemos tener el modelo entrenado. Una vez tengamos la red neuronal entrenada, podemos convertir el modelo a Torch-Script así:

```python
# Pasamos el modelo a jit
modelo_cuantizado = torch.jit.script(modelo_cuantizado)
# Guardamos el modelo cuantizado
torch.jit.save(modelo_cuantizado, 'modelo_torchscript.pth')
```

El modelo resultante será un modelo estático listo para importar. Para importar un modelo JIT, no hace falta importar la definición de la red neuronal. Simplemente haremos:

```python
modelo = torch.jit.load("modelo_torchscript.pth")
```

En el siguiente código de ejemplo, `cuantizacion_01.py`, integraremos lo aprendido sobre cuantización y sobre TorchScript para convertir el modelo convolucional entrenado en el capítulo anterior para el dataset MNIST para inferencia. El código permite guardar el modelo en su versión original y cuantizada y comparar los tamaños en MB de cada uno:

```python
import torch
from torch.ao.quantization import get_default_qconfig_mapping,
  ↪ QConfigMapping,
import torch.ao.quantization.quantize_fx as quantize_fx
import copy
import torchvision
from red_convolucional import ConvolutionalImageClassifier
import os


cuantizacion_estatica = True


# Cargamos un modelo cualquiera, ya preentrenado
modelo_sin_cuantizar =
  ↪ ConvolutionalImageClassifier(n_classes=10)
# Cargamos los pesos
modelo_sin_cuantizar.load_state_dict(torch.load('modelo_conv.pt⌐
  ↪ '))
# Lo copiamos para cuantizarlo y comparar el tamaño #
modelo_a_cuantizar = copy.deepcopy(modelo_sin_cuantizar)
modelo_a_cuantizar.eval()
```

```
# Para cuantización dinámica (Se cuantizan pesos pero no
 ↪  activaciones):
if not cuantizacion_estatica:
        qconfig_mapping = QConfigMapping().set_global(
                      torch.ao.quantization.default_dynamic_qconfig)
else:
        # Para cuantización estática (Se cuantiza todo) con
         ↪  QNNPACK (arm64)
        torch.backends.quantized.engine = 'qnnpack'
        qconfig_mapping = get_default_qconfig_mapping("qnnpack")
# Preparamos el modelo para cuantizarlo
example_inputs = torch.randn(16, 1, 28, 28)
modelo_preparado = quantize_fx.prepare_fx(modelo_a_cuantizar,
 ↪  qconfig_mapping, example_inputs)
# Lo cuantizamos
modelo_cuantizado = quantize_fx.convert_fx(modelo_preparado)


def print_model_size(mdl):
        torch.save(mdl.state_dict(), "tmp.pt")
        print("Tamño en MB: %.2f MB"
         ↪  %(os.path.getsize("tmp.pt")/1e6))
        os.remove('tmp.pt')


print("Tamaños de los modelos:")
print_model_size(modelo_sin_cuantizar)
print_model_size(modelo_cuantizado)
# Pasamos el modelo a jit
modelo_cuantizado = torch.jit.script(modelo_cuantizado)
# Guardamos el modelo cuantizado
torch.jit.save(modelo_cuantizado, 'modelo_cuantizado.pth')
```

Código 124: *Script* para la cuantización de una red neuronal y conversión a modelo TorchScript – `cuantizacion_01.py`

11.3 Inferencia en tiempo real

Una vez hayamos entrenado un modelo y lo hayamos cuantizado y convertido a TorchScript, debemos implementar un programa final para la inferencia en tiempo real. En este script, usaremos la red neuronal entrenada para clasificar dígitos del MNIST y trataremos de usar la RPi Camera para clasificar en tiempo real. Para poder usar el modelo, debemos programar una serie de pasos de preprocesamiento para que la red neuronal sea capaz de clasificar correctamente. Primero, instanciaremos la cámara.

```python
# Creamos el thread the la ventana de OpenCV
cv2.startWindowThread()
# Creamos el objeto de la RaspiCam
picam2 = Picamera2()
# Modificamos el framrate (fps)
picam2.video_configuration.controls.FrameRate = 25.0
# Configuramos la resolución y formato de la cámara
config = {"format": 'RGB888', "size": (640, 480),}
picam2.configure(
        picam2.create_preview_configuration(
                main=config,
                transform=libcamera.Transform(vflip=True)))
# Iniciamos la vista previa de la cámara
picam2.start()
```

Código 125: Instanciamos la cámara – `cuantizacion_02.py`

Una vez queda instanciada la cámara, importaremos el modelo. Podremos elegir si importar el modelo básico (sin cuantificar) o importar el modelo de TorchScript:

```python
if tipo_modelo == 'torch':
    model =
    ↪ ConvolutionalImageClassifier(n_classes=10).to(device)
    model.load_state_dict(torch.load('modelo_conv.pt',
    ↪ weights_only=True, map_location=device))
elif tipo_modelo == 'torchscript':
    model = torch.jit.load('modelo_torchscript.pt',
    ↪ map_location=device)
```

Código 126: Importamos el modelo clasificador – `cuantizacion_02.py`

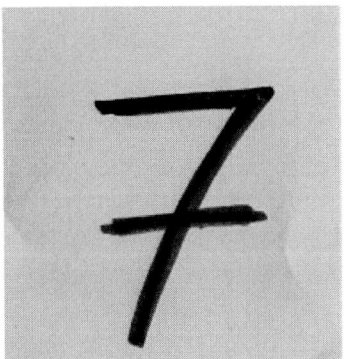 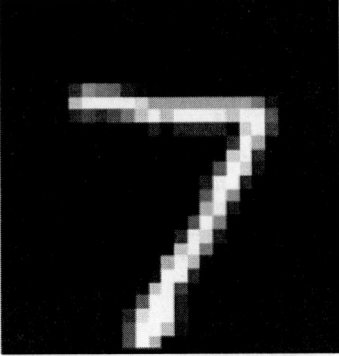

Figura 11.1: Foto de una cifra real (izquierda) y una cifra equivalente en el repositorio del MNIST

Ahora, en el bucle principal, debemos ir transformando la imagen hasta que tenga el formato adecuado que hemos usado para entrenar. Recordemos que la red neuronal convolucional ha sido entrenada con imágenes en escala de grises de 28×28 píxeles. Además, donde no hay dígito escrito, habrá un 0, y donde se ha dibujado, los valores son cercanos a 1. Los números escritos en un papel, en general, suelen estar escritos con un color oscuro sobre fondo blanco (véase figura 11.1). Esto implica que el valor estará invertido, por lo que tenemos que invertir esa imagen. Además, el fondo de las imágenes suele ser plano completamente. Todo esto afectará a la clasificación con nuestra red neuronal, que se ha acostumbrado a ver los datos de entrada de una forma muy concreta. En resumen, para adaptar las imágenes, deberemos aplicar los pasos expuestos a continuación.

1. Pasar a escala de grises la imagen de la cámara.
2. Cambiar el tamaño a 28×28.
3. Aplicar una normalización entre 0 y 1 (pasamos de 255 a 1).
4. Invertir la imagen (el fondo blanco será 0 y el valor escrito será 1).
5. Aplicar un filtrado para que todo valor menor de un umbral sea 0 y eliminar los grises suaves del papel.
6. Pasarlo a tensor de PyTorch.

A continuación, se muestran los pasos de esta transformación:

```
# Cambiar a blanco y negro
frame_gray = cv2.cvtColor(frame, cv2.COLOR_RGB2GRAY)
# Tomamos el centro de la pantalla
frame_gray = frame_gray[int(640*0.33):int(640*0.66),
↪   int(480*0.33):int(480*0.66)]
# Pasamos a una imagen de 28x28
```

```
frame_gray = cv2.resize(frame_gray, (28,
↪  28)).astype(np.float32)
# Minmax-normalización
frame_gray = (frame_gray - frame_gray.min()) /
↪  (frame_gray.max() - frame_gray.min() + 1)
# Invertimos la imagen
frame_gray = 1 - frame_gray
# Ponemos a 0 (negro) el fondo
frame_gray[frame_gray < 0.33] = 0.0
# Pasamos a tensor
frame_gray = torch.Tensor(frame_gray)
# Añadimos una dimensión en la posición 1: (28,28) ->
↪  (1,1,28,28)
frame_gray = frame_gray.reshape(1, 1, 28, 28)
```

Código 127: Transformaciones de la imagen – `cuantizacion_02.py`

Una vez transformada la imagen, podemos evaluar la imagen con el modelo. Para ello, usamos el modelo para obtener los valores de las 10 neuronas de salida. Para obtener la probabilidad de la clasificación de cada número, usaremos la función Softmax (explicada en el capítulo anterior). Si tomamos el valor de máxima probabilidad como el resultado de la clasificación, podremos representar en la imagen de salida qué numero tenemos en la cámara:

```
probs = torch.nn.functional.softmax(outputs,
↪  dim=1).squeeze(0)
# Obtener la predicción más probable
max_prob, class_predicted = torch.max(outputs, 1)
if max_prob > 0.5:
    prediccion = str(class_predicted.item())
    print(prediccion)
    # Mostrar la predicción en la imagen de la webcam
    cv2.putText(frame, prediccion, (10, 30),
        ↪  cv2.FONT_HERSHEY_SIMPLEX,
        1, (0, 255, 0), 2, cv2.LINE_AA)

# Mostrar el video de la webcam
cv2.imshow('Webcam', frame)
```

Código 128: Transformaciones de la imagen – `cuantizacion_02.py`

Vemos que podemos incluir un umbral de probabilidad para evitar tomar una decisión cuando la probabilidad no es muy alta. Una vez clasificada la imagen, representaremos la imagen resultado de las transformaciones y la de la cámara por pantalla:

```
image_cv2 = frame_gray.squeeze().numpy()
image_cv2 = (image_cv2 * 255).astype(np.uint8)
# Resize
image_cv2 = cv2.resize(image_cv2, (512, 512), 0, 0,
↪  interpolation = cv2.INTER_NEAREST)
cv2.imshow('Input', image_cv2)
# Salir si se presiona 'q'
if cv2.waitKey(1) & 0xFF == ord('q'):
    break
# Liberar la cámara y cerrar las ventanas
cap.release()
cv2.destroyAllWindows()
```

Código 129: Representamos la captura y la entrada de la red neuronal - `cuantizacion_02.py`

En la figura 11.2 se puede ver el resultado de una inferencia exitosa. Se puede comprobar que esta implementación es tremendamente sensible al posicionamiento del dígito en el centro de la imagen. Esto ocurre debido a que toda imagen dentro de un conjunto de datos de entrenamiento está centrada en la imagen y con un tamaño muy similar. Al entrenar sobre este tipo de datos, la red convolucional se sobreajusta y es incapaz de generalizar a otro tipo de dígitos. Para robustecer la inferencia, es necesario aumentar el conjunto de datos con ejemplos más cercanos a la realidad.

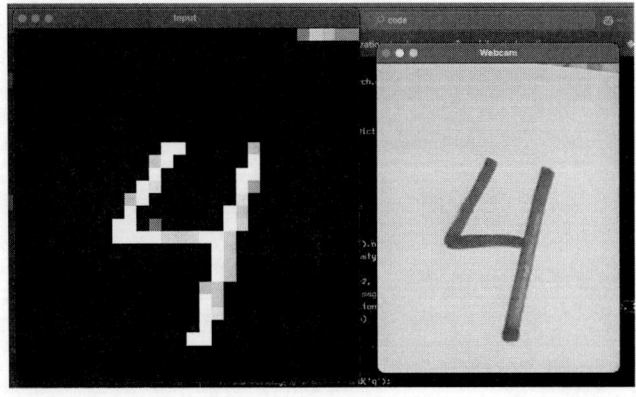

Figura 11.2: Resultado de ejecutar `cuantizacion_02.py` con una cifra en un papel

11.4   Otras arquitecturas neuronales

Existen en la bibliografía cientos de arquitecturas distintas preentrenadas para las más diversas tareas. Es posible usar estas arquitecturas ya preparadas en nuestras aplicaciones sin necesidad de gastar recursos computacionales en el entrenamiento. A veces, es más sencillo usar una solución ya implementada que empezar de cero, sobre todo con las redes neuronales, que requieren de un etiquetado, recolección y curado de los datos además del entrenamiento.

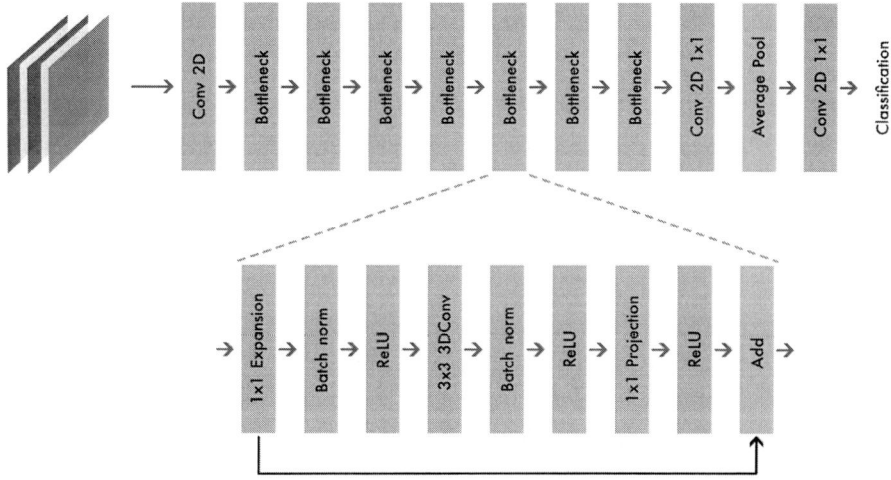

Figura 11.3: Arquitectura MobilenetV2

Un ejemplo de arquitectura muy utilizada para la clasificación de imágenes en dispositivos IoT de bajas prestaciones de computación es la architectura MobileNetV2. MobileNetV2 es una arquitectura de red neuronal convolucional diseñada para dispositivos de baja potencia y aplicaciones de visión artificial en entornos con recursos limitados, como los de IoT. Fue desarrollada por Google como una mejora de la primera versión de MobileNet, optimizando aún más la eficiencia y reduciendo el consumo de recursos mientras mantiene un alto rendimiento en tareas de visión artificial.

MobileNe V2 usa los siguientes bloques neuronales (tal y como queda representado en la figura 11.3):

- Bloques residuales de convolución profunda (*inverted residuals*): en lugar de expandir la dimensionalidad al comienzo de cada bloque, MobileNetV2 emplea un enfoque basado en reducir la dimensionalidad y luego expandirla nuevamente al final del bloque. Esto permite un procesamiento más eficiente y una mejor transmisión de información.

- Convoluciones separables en profundidad (*depthwise separable convolutions*): se utilizan para dividir las convoluciones en operaciones menos costosas, reduciendo así el número de parámetros y las operaciones computacionales sin pérdida significativa de precisión.
- *Linear bottleneck*: cada bloque utiliza una capa de proyección lineal al final, lo que ayuda a minimizar la pérdida de información debido a la activación no lineal de ReLU en espacios de baja dimensionalidad.

Esta red neuronal ha sido entrenada con el *dataset* ImageNet[1] para la detección y clasificación de hasta 1000 clases distintas de objetos. Esto convierte a MobileNet en una arquitectura lista para aplicaciones de IoT *of-the-shelf*. Se puede encontrar una lista de etiquetas en el archivo `labels.txt`. Algunas de ellas se muestran en el Código 130.

```
["tench",
 "goldfish",
 "great white shark",
```

Código 130: Algunas etiquetas de las clases de ImageNet

Para poder ejecutar MobileNet en la RPi con una velocidad aceptable de inferencia, cargaremos el modelo directamente cuantizado. TorchVision ya tiene en su repositorio público el modelo cuantizado. Para cargarlo y hacer inferencia en una RPi, se hará tal que así:

```
# Habilitamos el cuantificador #
torch.backends.quantized.engine = 'qnnpack'

net = models.quantization.mobilenet_v2(pretrained=True,
↪ quantize=True)
# Just In Time script
net = torch.jit.script(net)
```

Código 131: Carga del modelo cuantizado y paso a modelo JIT para inferencia - `pytorch_inferencia_0.py`

Una vez cargado el modelo, crearemos el pipeline de preprocesamiento (transformaciones) que deben aplicarse a las imágenes que se le pasan a MobileNet (definido por construcción de la red en su entrenamiento):

---

[1] https://www.image-net.org/

```
preprocess = transforms.Compose([
    transforms.ToTensor(),
    transforms.Resize((224,224)),
    transforms.Normalize(mean=[0.485, 0.456, 0.406], std=[0.229,
    ↪  0.224, 0.225]),
])
```

Código 132: Preprocesamiento para MobileNet – `pytorch_inferencia_0.py`

Finalmente, podemos abrir el archivo de etiquetas `labels.txt` y cargar una imagen de prueba (véase la figura 11.4). Para representar los resultados, debemos considerar que la salida de la red neuronal MobileNet es una tupla. El primer término de esa tupla es el peso asociado a cada clase. Si procesamos estos pesos por una función *Softmax* obtendremos la probabilidad de cada clase. Tomamos la clase más probable con `torch.argmax(probs)` e imprimimos por pantalla el resultado.

Figura 11.4: Imagen de ejemplo – gato naranja

```
# Cargamos la imagen
image = Image.open('gato.jpg')
# Cargamos los labels de ImageNet
with open('labels.txt') as json_file:
    classes = json.load(json_file)
# Preprocesamos
input_tensor = preprocess(image)
# Creamos un mini-batch (de solo una imagen)
input_batch = input_tensor.unsqueeze(0)
```

```
# Ejecutamos el modelo
output = net(input_batch)
# Pintamos los resultados
probs = output[0].softmax(dim=0)
top = torch.argmax(probs)
print(f"Clase: {classes[top]}. Prob: {probs[top] * 100:.2f}")
```

Código 133: Inferencia con MobileNet – `pytorch_inferencia_0.py`.

11.5   Inferencia en tiempo real con MobileNet

Una vez entendida la forma de hacer inferencia con MobileNet, se puede extender
fácilmente el programa para realizar una inferencia continua. Se sustituirá la última
parte del programa por el bucle de adquisición de una imagen con la cámara (después
de haberla configurado). La configuración de la cámara se establecerá en modo
RGB con un tamaño de 244 × 244, que es el tamaño de entrada de la red. El resto
del *pipeline* de preprocesamiento quedará igual:

```
# Opening JSON file
with open('labels.txt') as json_file:
    classes = json.load(json_file)


picam2 = Picamera2()
# Configuramos la resolución y formato de la cámara
config = {"format": 'RGB888', "size": (224, 224)}
picam2.configure(picam2.create_preview_configuration(main=config))
  ↪  #, transform=libcamera.Transform(vflip=True)))
# Iniciamos la vista previa de la cámara
picam2.start()


torch.backends.quantized.engine = 'qnnpack'

preprocess = transforms.Compose([
    transforms.ToTensor(),
    transforms.Normalize(mean=[0.485, 0.456, 0.406], std=[0.229,
      ↪  0.224, 0.225]),
])
```

```
net = models.quantization.mobilenet_v2(pretrained=True,
↪  quantize=True)
# jit model to take it from ~20fps to ~30fps
net = torch.jit.script(net)
```

Código 134: Configuración para inferencia – `pytorch_inferencia_1.py`

Podemos calcular el *framerate* de la cámara tomando el tiempo medio de cálculo entre inferencias. Esto permite tener una idea de cómo de rápido se ejecuta la inferencia:

```
started = time.time()
last_logged = time.time()
frame_count = 0

with torch.no_grad():
    while True:
        # Leemos el frame
        image = picam2.capture_array()
        # preprocesamos
        input_tensor = preprocess(image)
        # Creamos un minibatch para evaluar
        input_batch = input_tensor.unsqueeze(0)
        # Procesamos con el modelo
        output = net(input_batch)
        # Calculamos la clase con máxima probabilidad
        probs = output[0].softmax(dim=0)
        top = torch.argmax(probs)
        print(f"Clase: {classes[top]}. Prob: {probs[top] *
        ↪  100:.2f}")

        # Imprimimos el framerate
        frame_count += 1
        now = time.time()
        if now - last_logged > 1:
            print(f"{frame_count / (now-last_logged)} fps")
            last_logged = now
            frame_count = 0
```

Código 135: Bucle de inferencia – `pytorch_inferencia_1.py`

11.6   Ejercicios propuestos

Pregunta 11.1 Se puede observar que la inferencia de los dígitos del MNIST con la cámara no es demasiado buena. Crea un *dataset* etiquetado de 100 imágenes de dígitos hechos a mano y fotografiados con la cámara. Procura que la cantidad de imágenes de cada dígito esté equilibrada. Reentrena la red neuronal y mide la precisión y desempeño.

Pregunta 11.2 Crea un sistema de alarma que implemente un servidor Flask en el que, al recibir un *request* de tipo GET, se tome una imagen con la cámara y se procese con MobileNet preentrenado con ImageNet. El resultado del GET debe ser las 5 clases más probables con su probabilidad (usa *SoftMax* para calcular la probabilidad).

Pregunta 11.3 Crea una base de datos SQLite3 para registrar los objetos detectados junto con su marca de tiempo (en una columna propia). Diseña una interfaz con Tkinter que sirva para mostrar qué objetos se ha detectado y cuándo.

Pregunta 11.4 Modifica el sistema anterior para guardar en memoria la imagen capturada por la cámara cuando se detecte un objeto particular (por ejemplo, una taza). Modifica la interfaz gráfica para mostrar por pantalla las imágenes guardadas mediante la selección de su fecha de captura.

Marcombo es una editorial especializada en libros técnicos y científicos que cuenta con más de 75 años de experiencia.

Los títulos de Marcombo están escritos por grandes especialistas y tratan materias sobre tecnología, empresa, instalaciones y otros temas relacionados con las ciencias e ingenierías. Asimismo, Marcombo publica libros sobre formación profesional, certificados de profesionalidad y universitarios; materias de siempre y actuales que avalan una rigurosa y dilatada trayectoria editorial.

Marcombo está a su disposición para ofrecerle las mejores obras técnicas, científicas y de formación de ayer, hoy y siempre. Los autores, nacionales e internacionales, comparten su amplia experiencia mostrando tutoriales de contenidos paso a paso, expertos consejos e ideas motivadoras que reforzarán sus conocimientos. Estos libros son una valiosa herramienta con la que potenciará notablemente sus habilidades y conocimientos técnicos.

Queremos agradecer su confianza en los libros de Marcombo. Por eso, queremos compartir con usted diversos regalos digitales de algunos de los temas de referencia. Puede acceder a ellos dentro del apartado **Contenido gratuito** en www.marcombo.com